空爆の歴史

——終わらない大量虐殺

荒井信一
Shinichi Arai

Eurus
Notus
Boreas
Zephyrus

岩波新書
1144

はじめに

私の少年時代は、空襲という悪夢が見えかくれした時代だった。小学校の夏休みには、校庭で納涼映画会がひらかれた。名目は、「防空思想の普及」であったが、宣伝映画にはしばしばソ連の重爆撃機の重々しい姿が登場した。当時、陸軍は、国民に対ソ戦に備えよと呼びかけていた。経済建設がすすむにつれて、ソ連が極東における戦備を充実していたことは事実である。陸軍が満州・朝鮮に配置した航空勢力とソ連極東軍の航空勢力の比率は、一九三二年には一〇〇機対二〇〇機であったが、一九三五年には二〇〇機対九五〇機とおおきくひらいた。

日中戦争二年目の一九三八年に中学生になった。そのころ隣組が発足し、翌年秋までに人口六〇〇万人余りの東京で約一〇万の隣組がつくられ、市民が戦争体制にくみこまれた。最初は、火事や盗難からの「自衛」が隣組の仕事とされたが、「自衛」はすぐに拡張解釈され、防空演習への参加や高射砲献納運動への協力がもとめられた。

中学の授業に学校教練があったが、装備には銃、剣のほか防毒マスク（防毒面）があった。防空演習でもマスクが必要だった。毒ガスが投下されるはずと教えられた。やがて物資が不足すると空き缶にこまかい穴をたくさんあけ、木炭を詰めて口に当てる簡単な防毒面を作らされた。

中学五年のとき、アメリカの空母から発進したB25爆撃機の東京空爆を目撃した。最初の空襲体験であったが、ソ連の重爆撃機より小さいB25は、クマンバチのように精悍《せいかん》に見えた。

B29の東京空襲のころには、一九歳で高等学校を卒業し大学生となった。一九四五年の四月ひと月、家にいただけで、あとは勤労動員で川崎の軍需工場や、新潟の農村に泊まりこむか、陸軍二等兵としての軍隊生活であった。川崎の工場は爆撃されたが、B29は新潟の農村までは飛んでこなかった。

東京の家はなんとか焼け残った。直接の空襲被害はうけなかったが、近所まで焼けた。父母は連夜の空爆に耐え、ほとんど素手で庭の防空壕をほったり、わずかな家財を積んだ大八車を引っ張り、近県の知り合いに預けたり、たいへんな苦労を余儀なくされた。それにくらべれば、粗末な生活であっても動員先や軍隊での生活は楽だというのが、私の実感であった。

私の兄は、学徒動員で召集され、海軍の下士官になった。マリアナ諸島からのB29空襲が始まると、漁船を徴用した監視艇でマリアナ諸島の中間まで進出し、粗末な電波探知機(レーダー)と目視でB29をキャッチし、防空軍に知らせるのが任務であった。船の武装は木製の偽砲だけで、敵に発見されれば間違いなく撃沈され、兄の同期の三分の二が死んだ。兄は生還できたものの、当時の恐怖が深刻なトラウマとなり、戦後数十年も正常な市民生活に復帰できなかった。

現代の総力戦にとって、空爆は主要な戦争手段であるが、私の家族のように直接の被害をうけなかった場合にも、空爆は市民の生活に深刻なさまざまの困難や苦しみを与えた。まして家や仕事場を焼かれ、家族が死んだり、障害を負ったりした戦災者の苦難には、計り知れないものがあった。

空襲被害が、戦後を生きた人々の生活におおきく影響し人生の行路を左右した例が多い。現在、東京大空襲の戦災被害者たちを原告として、国に謝罪と損害賠償を求める裁判が進行している。原告団の一人は、私たちが国に要求しているのは「人生を返せ」ということだと語った。

東京にかぎらず全国各地の戦災被害者たちは、四〇年ほど前から市民と協力して地域の空襲被害を調べ記録して、空襲の記憶の収集、保存、伝達などに取り組み始めた。これは日本の戦後民衆史の特色である。また収集されたぼうだいな被害記録をもとに、加害側の資料の収集、分析をも加え、日本本土空襲の全体像をつくりだしてきた。戦災被害者、研究者、一般市民が協力し成果を挙げていることは、国民の平和に対する意欲の強さを物語る事実である。

一方、欧米では二〇世紀の悪しき遺産——市民をターゲットとする戦略爆撃について、批判的な研究がさかんになってきた。アメリカの主導する「対テロ戦争」が「空からの戦争」の様相を色濃く示し、第三世界を中心におびただしい住民を殺していることの反映であろうか。

その結果、これまで世界を仕切ってきた諸帝国のグローバルな空爆の歴史を、地上で被害をうける人間の視線で通観できる地点に立つことが可能になったと思う。その思いから、つたない試みであるが、空爆の歴史をまとめてみた。重点は、第二次世界大戦の時代においたが、とくに留意したのは空爆思想と、差別的な「帝国意識」との密接なかかわりである。

凡　例

一　本書は空爆(air bombing)を中心に論じているので、できるだけ用語は「空爆」に統一した。しかし「東京空襲」「英本土空襲」「重慶空襲」などのように一般に慣用され、あるいは公的調査、裁判などで公的名称として使われている場合には、用語として「空襲(air raid)」を使ってある。「東京大空襲」「重慶大空襲」などについても同様である。

一　日本各地の空襲の日付は、一般に空襲警報発令の日時を目安としているが、アメリカ側はアメリカ時間での作戦実施の日時としているのでズレが生じる場合がある。また夜間の空爆は翌日にまでまたがる場合もある。画一的な記述は困難なので、これも慣用と文脈を考慮しつつできるだけ統一した。

一　米空軍の名称は一九二六－四一年は Army Air Corps（AAC）、一九四一－四七年は United States Army Air Forces（USAAF）、一九四七年以降は United States Air Force（USAF）と変遷

するが、文脈により特定する必要のない場合には単に空軍とするか、括弧内に示した略称を使ってある。ドイツ空軍(Luftwaffe)、イギリス空軍(Royal Air Force、略称 RAF)、日本(陸軍航空隊、海軍航空隊)の場合も同様である。

一 引用文のうちの字体、仮名遣いなどの表記は、読者の便宜のために若干の変更を加えた。

一 引用文などの出典は、その都度示すようにしてあるが、複数章におよぶものは巻末の参考文献にも一括して示した。

一 ヤード・ポンド法による表記は、支障のない限りメートル法に換算した。一〇位または一〇〇位以下の数字は切り捨ててある。引用文の場合には括弧に入れて示すようにした。

目次

第一章● 二〇世紀の開幕と空爆の登場
——幻惑された植民地主義

空陸一体の青島要塞攻撃戦を示す日本軍ポスター．上部中央に日本軍の飛行機が描かれている
出所：C. B. Burdick, *The Japanese Siege of Tsingtau : World War I in Asia*

1 「文明」と「未開」の距離——空爆への過大な期待

「帝国主義の時代」と空爆

アメリカのライト兄弟が飛行機を発明する一九〇三年頃は、世界史上では「帝国主義の時代」と呼ばれている。この頃までに「世界分割」が進行し、二つの伝統的な帝国——中国とオスマン(トルコ)帝国の周縁部が分割の最後の対象となっていた。どちらの老大国にも昔の勢いはなく、周辺諸民族の自立の傾向が欧米諸国の野心を誘った。地域の分割をめぐる国際対立は、しばしば局地戦争に発展した。飛行機が戦争の兵器としてはじめて実戦に使われるのは、オスマン帝国の周縁部——バルカン半島と北アフリカでの植民地戦争からであった。

トルコ領リビア(トリポリ、キレナイカ)の植民地化をめざしたイタリア・トルコ戦争(一九一一—一二年)では開戦(九月二三日)とともにイタリア軍が、リビアに九機の飛行機と二機の飛行船を派遣した。イタリア機は一〇月二六日には敵陣に手榴弾《しゅりゅうだん》を投下した。飛行機による最初の空爆である。その後イタリア機はトルコ・アラブの拠点を空から八六回攻撃し、総計三三〇発の爆弾を投下した。空爆の成果についてイタリア軍参謀本部は「爆撃はアラブに対して驚異的な心理的効果をあげた」(一一月六日)と報告している。

オスマン帝国の旧領の争奪からはじまったバルカン戦争(一次・一九一二年、二次・一九一三年)ではブルガリアが二二ポンド(約一〇キロ)爆弾を開発し、本格的な都市爆撃を行った。飛行機の軍事使用が成果をあげたことに各国が注目した。フランスとスペインは一九一三年から北アフリカの植民地戦争に飛行機を導入した(Michael Paris, The First Air Wars: North Africa and the Balkans, *Journal of Contemporary History*〔以下 *JCH*〕, Vol. 26, No. 1, January 1991)。

ヨーロッパの強国が植民地戦争や原住民の反乱を鎮圧するために飛行機を使ったのは偶然ではなかった。帝国主義の時代には、一九世紀末からの第二次産業革命の結果、重工業(特に機械・化学・電気工業)が発達し、武器に応用され、軍事技術の面で非ヨーロッパ世界との格差が決定的に拡大した。ヨーロッパ中心的な人種主義的世界観が普及したのもこの時代であった。

その結果生まれた軍事テクノロジーの格差を前提にすれば、植民地での使用がもっとも有効とされ、空爆の軍事的価値が大きく評価された。「未開」側の対空戦力がゼロに近いことを考えれば、攻撃側の人命節約効果も無視できない要素であった。一九一九年、イギリス空軍参謀長ヒュー・トレンチャードは「植民地の法と秩序は、在来の守備隊よりも機動力の優れた空軍によるほうが安上がりで効果的に維持できる」(大意)と述べて、植民地での使用の経済的効果にも注目した(M. Paris, Air Power and Imperial Defence, *JCH*, Vol. 24, No. 2, April 1989)。

空想科学小説の中の空爆

当時の空想科学小説は、「文明」と「未開」の距離に注目し、「未開」民族に対する空爆の心理的効果を誇張して描いた。ハリー・コリングウッド「空飛ぶ魚号旅行記」(*The Log of Flying Fish*, 1887)では、飛行船の出現を神業と信じただけで「好戦的な」アフリカの部族が降伏する。ハーバード・ストラング「空の王様」(*King of the Air*, 1910)では、モロッコの山賊に誘拐された外交官を、イギリスの青年が飛行機で助けだす。この小説でストラングが誇示した飛行機の利点は、地上からの救援に要する手間と時間が節約できること、難攻不落な山の上の要害も空から簡単に攻撃できること、空爆がモロッコ人たちにパニックを引き起こしたことなどである。

空想科学小説が植民地に注目したのは、「文明」の大きな落差が空爆の効果を驚異的にし、その結果、過剰な幻想と期待が読者の感情を大きくふくらませたからであった。アメリカの軍事史研究者タミー・デイビス・ビドゥルは、当時のセンセーショナルな小説に描き出された空戦は、「ナショナリズムと好戦主義に浸され、技術の独占と外国人の征服という帝国主義者の幻想と結びついていた」と評している。帝国主義の時代に形成された過大な期待と幻想は、一般住民に対する無差別テロ爆撃の残虐性への「文明」国民の道徳観を薄め人種的優越感を強めた(Tami Davis Biddle, *Rhetoric and Reality in Air Warfare : The Evolution of British and American Idea about Strategic Bombing, 1914-1954*, Princeton University Press, 2002)。

日本と青島戦争

もう一つの伝統的な帝国である中国の周縁部でも、日清戦争での清国の敗北をきっかけに帝国主義強国による「中国分割」が進行した。一九一四年七月末に第一次世界大戦が始まり、ヨーロッパ諸国が戦争に忙殺されると、日本は日英同盟を理由にドイツに宣戦布告した(八月二三日)。参戦するとすぐ、日本軍は青島《チンタオ》要塞などドイツの権益の集中していた山東半島に五万の大軍を上陸させ、青島戦争(九―一一月)を始めた。

中立を宣言した中国の領土で行われた青島戦争は、形としてはドイツ・オーストリア軍対日英連合軍による大国間戦争であったが、実質的には山東省のドイツ権益を奪い、日本の権益を満蒙から華北に広げるための布石であった。翌一九一五年に日本が中国に要求するいわゆる二十一ヵ条要求の前提をつくる植民地戦争の性格が強かった。

青島戦争では、はじめて飛行機が実戦で使われた。日本軍の山東半島上陸作戦は九月二日に始まったが、早くも九月五日、海軍機三機による青島市街爆撃が行われた。海軍は水上機母艦若宮丸および飛行機四機(モーリス・ファルマン式)を出動させていたが、日本軍機による史上最初の空爆は、これらの海軍機により行われた。ドイツ軍の各種戦闘報告を総合すれば、当日の市民の表情は次のようになる。

「九月五日、朝しばらく雨がやんだが、低い黒雲が不吉なしるしのように残っていた。一〇時すぎ飛行機のプロペラ音が青島の朝の活動をさまたげた。突如、一機の飛行機が雲の上から爆弾を投下した。予想したものはいなかった。実際、飛行機が優雅に飛びまわるのを誰もがうっとりと眺めていた。望遠鏡で眺めた少数の人だけが翼に日の丸が書かれているのをみとめた。つぎにキラキラ輝く物体が飛行機から投下され、ヒューヒュー音を立てながらビスマルク砲台のそばで爆発し、地面に小さな穴〔五〇センチ×六〇センチ〕をあけた。飛行士はさらに二発おとしたが損害はなかった。守備兵が数発撃ったが無事脱出した。それにもかかわらず三発の爆弾は、弾痕よりもはるかに大きな心理的打撃を守備側に与えた。」(C. B. Burdick, *The Japanese Siege of Tsingtau : World War I in Asia*, Archon Books, 1976)

陸軍も青島派遣航空隊(モーリス・ファルマン式四機、ニューポール式一機)を出動させた。陸海軍ともに主要な任務は地上部隊の援護、なかでも空中偵察で、陸軍は同乗する偵察将校に陸軍大学出身のエリート将校を起用した。陸軍最初の実戦爆撃は九月二七日のドイツ艦艇攻撃で、三機が爆弾を投下した。爆弾は命中しなかったが、ここでも心理的効果は大きかった。ドイツの艦艇は右往左往して艦砲射撃を中止し、日本の地上部隊の前進を容易にした。

一一月初めには要塞に対する攻城戦が始まり、七日には猛攻に耐えかねたドイツ軍が降伏した。日本の飛行機が使用した爆弾は、砲弾を転用したものであったので、要塞の堅固な堡塁《ほうるい》には歯がたたず、そこで日本軍の空爆は後方の市街地に向けられた。「後方かく乱」を名目に行われた無差別爆撃であるが、市民とくに中国人の被害についてはよくわからない。

それにはいくつかの理由がある。最後の攻城戦では激しい砲撃と空爆が並行して行われた。たとえば市街で最大の被害は中国人街で、少なくとも一〇〇人の中国人が弾幕のなかで非業の死を遂げたという記述がある。大部分は地上からの砲撃によるものであろうが、この段階では空爆も無差別攻撃の一翼を担っていた。当時中華民国政府は、自国民に対する補償請求を念頭において青島戦争後に詳細な被害調査を行ったが、青島市内の中国人被害に関しては日本軍に立ち入り調査を拒否されたので記録は見つかっていない。

幻の中国空爆計画

青島陥落の二カ月後、一九一六年一月に日本は、中国の実質的な保護国化を含む二十一ヵ条要求を袁世凱中華民国大総統につきつけた。対華交渉は難航し、日本は五月には要求を削減するとともに、期限付きの最後通告をだして受諾を強要した。中国が最後通告を拒否すれば、すぐ武力を発動するため、日本軍は華北から華南にいたる大規模な出兵計画を立てていた。

注目されるのは海軍の長江（揚子江）制圧計画である。通商の自由、居留民保護を名目としたが、河口から漢口にいたるまで武力で制圧する計画であり、沿岸の砲台の占領が計画されていた。そのため陸戦隊のほか、「航空隊一隊・飛行機六台および同母艦若宮丸」の出動が予定されていた。最後通告発出と同時に作戦命令がだされ、第二艦隊が揚子江河口近くまで進出していた（平間洋一「対華二十一ヶ条の要求と海軍」『軍事史学』第二三巻一号）。中国の要求受諾により幸い作戦は中止されたが、そうでなければこの時点で南京爆撃や漢口爆撃が行われた可能性は十分にあった（斎藤聖二「日独青島戦争と中国人被害」『シオン短期大学研究紀要』第三七号）。

青島戦争には新兵器の実験場という性格があったが、確かにこの戦争によって日本軍は新兵器としての飛行機の効果を十分に認識した。大戦後の一九一九年に陸軍航空学校が新設されるのをはじめ、陸海軍ともに空戦力の充実に取り組み始める。

青島戦争で示された飛行機の実戦使用と空爆の心理的影響力の認識は、とくに植民地統治に有効であると思われた。すでに日本の植民地となり、住民の抵抗を抑えながら統治が強行されつつあった台湾では、いち早く山岳地帯に住む「蕃人《ばんじん》」（先住民に対する蔑称）の鎮圧用に飛行機の使用が期待された。台湾総督府（一八九五年設置）は陸軍飛行隊に「蕃地威嚇飛行」を要請したが、それは「反徒」たちが「人跡未踏の天険に拠り容易にこれを降す」ことができないので「これにたいし飛行機をもって空中よりこれを威嚇する」ことができれば、非常な効果を発揮するだろうという理由からであった（吉田敏浩『反空爆の思想』NHKブックス、二〇〇六年）。

2　空からの統治――ターゲットにされる住民

空爆思想の原型――ドゥーエ・テーゼの誕生

一八九九年にハーグで開かれた列国平和会議は、飛行船や気球からの爆弾投下を念頭において空爆禁止宣言をだした。一般住民を殺傷する可能性が大きいからであった。当時、国際法は、日本や中国では「文明国の法」と呼ばれたが、「文明国」間の戦争では、住民の無用な犠牲を避けるための方策に関心がはらわれた。

第一次世界大戦後の一九二一年、イタリアの将軍ジュリオ・ドゥーエが『空の支配』(*Il Dominio dell Aria*)を著した。彼は大戦の経験から、これからの戦争は「もはや兵士と民間人の区別のない」総力戦であり、そこでは空爆によって民衆がパニックをおこし「自己保存の本能に突き動かされ、戦争を終わらせろと要求するようになる」と説き、住民の戦意をくじくテロ効果を強調して無差別爆撃論を提唱した。「戦時国家の最小限の基盤である民間人に決定的な攻撃が向けられるので戦争は長続きしない」、「長期的に見れば流血をすくなくするので、このような未来戦ははるかに人道的だ」とまで述べている。

ドゥーエは人口密集地の住民への攻撃手段として、高性能爆弾、焼夷弾、毒ガス弾の三つをあげている。三種類の爆弾それぞれの機能を極限にまで高め一体化したものが、後の原子爆弾であるといえよう——大型台風をはるかにうわまわる衝撃波の破壊力、人工の太陽といわれる熱線のもたらす焼夷力、放射能の毒素力——。アメリカは今でも、原爆投下は戦争の終結を早め、多くの人命を救ったとして正当化している。それはまさにドゥーエのテーゼの現代版にほかならない。

ドゥーエが空爆の人命節約効果を強調したのは、第一次世界大戦では塹壕戦が主流であり、そのため戦争が長期化したばかりでなく、おびただしい人命が戦場で失われたからである。大戦の記憶が生々しい戦争直後に発表された、ドゥーエの人命節約論が説得力を持ったのは、そのためであるが、同時に空爆の心理的効果を過大に評価する植民地主義的心情も作用していた。

ドゥーエの空戦理論のルーツはリビアにおける植民地戦争の体験である。彼は一九一一年にリビアに派遣されたイタリア軍飛行隊の一員であった。リビア戦後、ドゥーエは各界に爆撃専用機の必要を説くかたわら、設計者と協力してイタリア最初の三発式爆撃機の開発に成功した。彼の空爆(爆撃機)への過度の思い入れは、リビアでの空戦体験の延長上の発想である。

大戦前の植民地戦争での飛行機の使用は、空からの攻撃が「未開」地域において驚異的な心理的、精神的効果があることを示した。一九一二年のイギリス国防省の報告「イタリア空軍に関する報告——イタリア・トルコ戦争における飛行機」は「〔飛行機が〕最新兵器として植民地戦争における多くの可能性」に道を開いたと述べて、飛行機が帝国の防衛に有意義であることを認識した。

大戦当時、イギリスの航空作戦が最も効果を発揮したのは中近東地域であった。大戦の結果、旧トルコ領のイラク（メソポタミア）はイギリスの委任統治領となった。一九二一年には「王立空軍によるメソポタミア支配計画」が採用され、飛行機が植民地主義的秩序の維持に不可欠であるとされた（一三一一四頁参照）。空からの管理が植民地主義の恒常的なツールとなり、中近東の国々はいまでも強大国による空爆の脅威にさらされている。

王立空軍（RAF）の独立

実戦での飛行機の役割が注目されるにつれて、各国で海軍と空軍のどちらが戦力として有効であるかについて論争が起こった。イギリスの海軍大臣ウィンストン・チャーチルは、青島戦争での海軍力の効果を知ろうとして、中国に派遣した戦艦トライアンフの艦長に青島要塞砲撃のデータを要求した。戦艦を不当に危険にさらさないで、敵の砲撃を撃破することは困難だというのが艦長の答えであった。イギリスの観戦武官ネヴィル・ブラント大佐の報告は、もっと率直であった。ブラント報告（一九一四年一一月六日付）によれば「海軍は役に立たなかった。現代の恒久的な要塞に艦砲で重大な打撃を与えることはできない。二基の要塞砲を無力化するため一一一八発もの弾丸を使わなければならなかった、大口径の艦砲の存在はせいぜい敵軍の戦意に影響しただけだし、それ以上に艦砲射撃を正当化できる理由は思いつかない」というものであった。

戦後、イギリスは空軍を独立させ、一九一八年に王立空軍(Royal Air Force, RAF)を創設した。前年に行われたドイツのツェッペリン飛行船によるロンドン空襲が、政府・軍だけでなく国民心理にも強い衝撃を与えたことがきっかけとなった。世論は敵の人口密集地に対する報復爆撃を期待した。国民的な期待に応えるため、ドイツに対する爆撃を主な任務としてRAFが独立した。

RAFの参謀長に就任したヒュー・トレンチャードは、ドゥーエと似た考えをもっていた。彼は、独立した爆撃機集団(Bomber Command)の必要を各界に説いた。次の戦争で生きのこるためにイギリスに必要なのは「敵の銃後を破壊するための強力な爆撃機集団。敵住民の戦意と戦争継続の意思を低下させるための爆撃機による攻撃」だというのが彼の主張であった。

「空からの統治」と「懲罰作戦」

第一次世界大戦で、アラブ地域のシリア、レバノンはフランスの委任統治下に置かれ、イラク、ヨルダン、パレスチナはイギリスによる委任統治となった（一九二〇年）。名目は国際連盟により統治を委された英仏が独立までの面倒をみるということであったが、実質的には植民地と変わらなかった。

とくにイラクは、実質的には部族国家であったうえ、シーア派地域、スンニ派地域、クルド族地域（クルディスタン）に分かれ、宗派間、部族間の対立や抗争の危機にたえず脅かされていた。大戦をきっかけに、アラブによる民族自決を求める動きも活発となった。戦勝国の約束した民族自決はアラブのナショナリズムだけでなく、クルド人たちの独立への希望をもかきたてていた。

一九二〇年、委任統治の決定が伝えられると、クルディスタンで反乱が起き、イラク全土に波及して数カ月に及ぶ大反乱となった。アラブ、クルドの反乱軍は強力であった。イギリスは本国とインドから三万の増援軍を派遣し、やっと鎮圧したが、戦死および行方不明一〇四〇人、負傷一二二八人という犠牲を払った。反乱側の死者は八四五〇人とされている。

イラクの反乱が直接の契機となり、一九二一年三月に当時植民相であったチャーチルのもとでカイロ会議がひらかれた。席上トレンチャード（英空軍元帥）は、ＲＡＦがイラクでの軍事作戦を統括すること、作戦軍の主力を空軍とすることを正式に提案した。

ＲＡＦが四飛行中隊を派遣して反乱鎮圧に貢献したことは事実であるが、トレンチャードの提案が歓迎されたのは、それ以上に「空からの統治(air control)」が安上がりにつくと信じられたからである。提案は正式に採用され、一九二二年一〇月一日、イラクにおける軍権は正式にRAFにひきわたされた。英陸軍は撤退し、かわってRAFに属する八航空部隊と四装甲車連隊が守備軍となった。

イギリス政府はそれによって納税者の負担が大いに減ると宣伝したが、それにはからくりがあった。一つは現地兵の徴募による肩代わりである。兵力の三分の一に当たる五〇〇〇人はイギリスにより装備を提供され、指揮され、訓練を受けた。その費用はイラク各州の収入からまかなわれた。もう一つはインド軍から派遣された地上部隊の存在である。インド軍は一九三二年にイラクが形式的に「独立」するまで駐在することになるが、これも費用はインド政庁により支出された。英政府のコストは、イラク人やインド人によって肩代わりされた形である。

トレンチャードはのちには、ケニア、ウガンダなどアフリカの植民地でもRAFが防衛の責任をとることを提案した。こうして「空からの統治」は、東アフリカからインド、ビルマにいたるまでイギリスの植民地支配の恒常的なツールとなった。納税拒否のような些細な行為でも、植民地支配への非協力とみなされれば空軍が出動し「懲罰作戦」を行った。イラクでの「懲罰作戦」についてある飛行中隊長は次のように書いている。

「空軍は懲罰の実施を求められたならば全力を尽くし、適切な方法で実行しなければならない。一つの目標が選ばれなければならない――懲罰が望まれている部族のうちもっとも有名で、もっとも近寄りがたい村に住むものが望ましい。利用可能な飛行機すべてが集中されることになるだろう。

爆弾と機関銃による攻撃は家屋、住民、収穫、家畜にたいし容赦せずに辛抱強く昼も夜も持続して行われるべきである。残酷に聞こえるかもしれないことは心得ているが、残酷からはじめなければいけない。適切な教訓が与えられるとすれば、将来のための脅しだけが効き目がある。」(Wing Commander J. A. Chamier, The Use of Air Power for Replacing Military Garrisons, *RUSI Journal* 66, 1921)

第一次大戦後のアラブ世界で深刻化するのは、パレスチナ問題である。とくに一九三三年、ドイツでナチス政権が成立すると、ユダヤ人のパレスチナへの移住が急激に増え、現地のアラブ人との摩擦が激化した。ユダヤ人たちがシオニズムを根拠とするユダヤ国家建設をとなえたため、現地のパレスチナ住民の強い反発を受けたのである。一九三六年から三九年にかけてパレスチナ人の大規模な蜂起が起きた。イギリスは地上部隊を集中して鎮圧に努め、内戦に近い状態となった。一九三八年だけで四八六人のアラブ住民、二九二人のユダヤ人、六九人のイギリス人、一一三八人の蜂起参加者が殺され、地上戦の犠牲は大きかった。

当時RAFの現地指揮官は、アーサー・ハリス代将であった。彼の解決策は「不穏な言動をする村を二五〇ポンド〔一一〇キロ〕か五〇〇ポンド〔二二〇キロ〕爆弾で各個撃破しろ。アラブが理解することはただ一つ、厳しい行動だけだ」。この提案は実行に移されなかったが、ハリスは、のちに述べるように、第二次大戦で英軍のドイツに対する地域爆撃の指揮者となり、「ブッチャー（虐殺者）」という異名をたてまつられる。地域爆撃（絨毯《じゅうたん》爆撃）と植民地主義の相関を示唆するエピソードではないだろうか（James S. Corum and Wray R. Jonson, *Airpower in Small Wars : Fighting Insurgents and Terrorists*, University Press of Kansas, 2003）。

人種差別と階級差別

一九二〇年代は英空軍の主な活動舞台は植民地となり、ドイツという主敵が消滅したあともRAFの存続が保障された。植民地統治の主要な軍事手段としての経験からも、空軍関係者は住民爆撃の懲罰的なテロ効果と人種主義的な空戦テーゼをいっそう信奉する結果となった。

アフガニスタンは一九一九年にイギリスとの短い戦争を経て独立した。しかしアフガン人（主にパシュトゥーン人）が多数を占めたインドの北西部は人為的な国境によって分断され、イギリスの統治下に置かれたままであった。当時インド北西辺境州と呼ばれたこの地域は、現在ではパキスタンの一部であるが、実質的には部族的な支配が強力で、イスラム原理主義勢力の根拠地になっている。一九二〇―三〇年代にもイギリスにとって統治の困難な地域であり、反乱もしばしばおこり、「空からの統治」の重要な対象であった。アフガン人の反乱鎮圧に出動した英インド空軍司令部は、戦争の規制について意見を求められた時に「文明化された戦争のルールに合わない野蛮な種族に対しては」国際法のルールは適用されない、「とくに女性の価値が低いので、アフガン女性を殺すことはヨーロッパの文明国での同種の行為と比較できない」と答えたという(一九二二年)。

1919年，カブール(アフガニスタン)の要塞を爆撃する英空軍(Achille Beltrame の画)
出所：Ian Patterson, *Guernica and Total War*, Harvard University Press, 2007

興味深いのは、植民地戦争における人種的差別と、本国における階級差別や排外的意識とが互いに影響し合いつつ、空戦思想の思想的基盤を形づくっていくことである。イギリスの軍事史家J・F・C・フラー大佐は、「第一次世界大戦の空爆のときに、ロンドンのイースト・エンド〔労働者街〕でパニックに陥ったのはユダヤ系だった、次の戦争でもそうなるだろう」と予言した。またトレンチャードも一九二三年に、「もしイギリスとフランスが空爆合戦をやれば、先に音をあげるのはフランス人だ」と語り、別の参謀スタッフは「〔空爆のときに〕フランスの軟弱な労働者はさっさと逃げ出すか、隠れてしまうに違いない」と決めつけた。

実際、軍事専門家たちがおそれたのは、労働者の欠勤、生産の低下、大衆的なパニックにより政府が屈服し、平和を請わざるをえなくなることであった。爆撃機中心の空軍力強化を推進する空軍論者により誇張された嫌いはあったが、偏見と結びついた大衆不信がドゥーエ的なテーゼをさらに増幅していく状況をうかがうことができよう（Malkolm Smith, The Royal Air Force, Air Power and British Foreign Policy, *JCH*, Vol. 12, No. 1）。

アメリカの空爆テーゼ――ドゥーエ理論とミッチェル

アメリカでも海軍派と空軍独立派との激しい対立があった。いちばん有名なのは一九二一年七月にウィリアム（ビリー）・ミッチェル将軍が実施した公開実験である。敗戦国ドイツから捕獲した戦艦オストフリースランド、巡洋艦フランクフルトなどの軍艦をターゲットとした爆撃テストであった。とくにオストフリースランドはドイツの誇る「不沈戦艦」であったが、マーチンMB2の編隊が投下した九〇〇キロの爆弾六発によって、たった二一分間であえなく海の藻屑と消えた(Alfred F. Hurley, *Billy Mitchell : Crusader for Air Power*, Indiana University Press, 1975)。

第一次世界大戦前には海上の覇権は、大口径の大砲を装備し、高速で走る巨大な戦艦同士の決戦で決まると考えられていた(大艦巨砲主義)。オストフリースランド号は、この思想に基づいてドイツが建造した戦艦であった。大艦巨砲主義のシンボルであったこの戦艦がほとんど瞬時に撃沈されたことは、世論に大きな衝撃を与えた。いまから思えば、この公開実験は、アメリカ太平洋艦隊の戦艦が日本軍の空爆によりつぎつぎに撃沈・撃破された真珠湾攻撃や、熾烈な航空機の攻撃により沈められた最後の巨大戦艦「大和」の運命を予告していた感がある。

陸軍将校としてのミッチェルの経歴は陸軍通信隊(Army signal Service)に配属されたときからはじまる。第一次大戦にアメリカが参戦すると、通信隊もヨーロッパ遠征軍に加わったが、そのとき航空班がおかれ偵察・情報伝達などで地上部隊を支援することになった。飛行機の役割が大きくなるにつれて陸軍通信隊から航空班が分離して陸軍航空隊(Army Air Service)となり、ミッチェルは第一軍陸軍航空隊長に任命された。

在欧中にイギリスのトレンチャードとの交流もあり、ミッチェルは将来戦における飛行機、とくに爆撃機の重要性を確信するとともに軍航空、民間航空、商業航空を統括する航空省の創設を主張した。軍事部門では航空省は陸軍省、海軍省と同格であるべきだというミッチェルの主張は、伝統主義的な陸海軍首脳部のはげしい反発をまねき、やがてミッチェルは「米空軍史の異端児」として悲劇的な生涯を送ることになる(生井英考『空の帝国 アメリカの二〇世紀』講談社、二〇〇六年)。

ミッチェルは一九二六年に退役に追い込まれるが、彼が爆撃について本音で語りだすのはそれからである。彼の空戦理論にはドゥーエと共通するところが多い。

伝統的な軍事理論は、敵陸軍の破壊を勝利へのカギとしてきたが、巨大な損害を覚悟しなくては、敵の地上戦力を壊滅させることができないことを大戦が示した。しかし、敵の地上兵力を飛びこし、敵の「抗戦意思」を叩くことを、いまや飛行機が可能にした。敵国の枢要部に到達し、それをかく乱して、住民が戦争を続けることも、平和に暮らすこともできなくすることによってのみ戦争目的を達成できる。ミッチェルは、そのように主張した。

一九二〇―三〇年代の飛行将校養成教育を通じてミッチェルやドゥーエの思想は、アメリカ陸軍航空隊の指揮官や作戦家たちの思考に直接、間接の影響を与えた。第二次大戦期の米空軍指導者のほとんどが陸軍の航空隊戦術学校(ACTS)で講義を受けた。同校は一九二三年に、『空の支配』のもっとも重要な第一章を英訳してコピー四部をつくった。その後もドゥーエの著作の抜粋や要約がつくられ、そのうちのひとつは三三年に「いくつかの空戦原理の優れた説明」として下院軍事委員会議長に送られた。

のちにアメリカ太平洋方面戦略空軍司令官として原爆の対日投下を指揮するカール・スパー

ツ将軍は一九二五年に同校に在学したが、同級生の多くが『空の支配』を読んでいたと回想している。またのちにB29による日本本土空襲の指揮をとるヘイウッド・S・ハンセル準将は、当時ACTSの教官であったが、ドゥーエを「戦略的な空襲の真の概念」を打ち立てた人と呼び、ドゥーエの思想は「今日では基本原理として受け入れられている」と述べた。ドゥーエの理論は一九二六年から三〇年代にかけてACTSのマニュアルに採用された(Ronald Schaffer, *Wings of Judgment : American Bombing in World War II*, Oxford University Press, 1985)。

選択爆撃論への傾斜

しかし一九三〇年代後半にはACTS内部にも住民の戦意をくじくテロ爆撃でなく、目標を選択的に爆撃する選択爆撃論への傾斜があらわれてくる。理由のひとつは、この時期に住民を標的にする空爆がエチオピア、スペイン(内戦)、中国で実際に行われたが、結果がドゥーエの予想と違ったことである。部長教官ムーア・S・フェアチャイルド(空戦戦略戦術担当)は、一九四〇年六月一日の講義「空軍　国民経済組織」で、日本の中国諸都市爆撃は実際には中国国民の戦意を高揚させ、他の要素以上に一般住民を結束させたと説明した。一般住民の居住する都市などへの不法な攻撃である地域爆撃の効率が疑われ、ACTSは敵の国民経済組織を選択的に爆撃する選択爆撃論に軸足を移すようになる。

ＡＣＴＳが人口密集地よりも、国の経済の根幹を破壊する爆撃論に傾斜した理由は、一九二九年に始まる世界恐慌にもあった。恐慌の深刻な影響はあらためて国民生活における経済の意義をさとらせた。また恐慌中に誕生するＦ・ルーズベルト政権のもとで人民主義、反戦主義、孤立主義の風潮が高まり、住民を標的にする地域爆撃論の非人道性が批判された。三九年に対日爆撃を想定したＡＣＴＳ内部の検討会は、住民に対する直接攻撃はたとえ国民の戦意破壊に高度の効率を示したとしても「人道主義的な配慮」から受け入れられないという結論をだした。

第二次世界大戦中の米空軍史は、精密爆撃から地域爆撃への転換を中心に語られるのが普通である。しかしフェアチャイルド部長教官は、前年三月二八日の講義「空軍　戦争の目的」では、「すべての軍事作戦の究極の目的は、あらゆる国家政策の源泉である敵の戦意を本国においてくじくことにあり、一般住民の戦意を失わせることこそ、戦場で軍隊を負かすことよりはるかに影響が大きい。究極の目的を達するためには空軍こそただちに役立つ。彼らは直接敵国民大衆の戦意をくじくことができる」と語っている。講義では住民の戦意破壊を目的とする地域爆撃と産業的、経済的目標に対する空爆（精密爆撃）との関係を次のように説明している（Schaffer 前出書）。

「われわれが人民すべてを殺傷することも、またそのつもりもないことも明らかだ。したがって〔国の経済システムに対する〕この攻撃方法を決定する際の意図は、非戦闘員である敵国住民の戦意を恐怖——自分や愛するものの死傷に対する恐怖——によって著しく低下させ、かれらが戦争の継続よりもわが方の講和条件を受諾し自国政府に降伏を迫るようにすることである。」

最終的にはドゥーエと同様に、住民へのテロ効果が期待されたことは明らかである。選択爆撃論が高度な産業社会、都市社会の現実を反映していることは否定できないが、この言葉の示す限りでは、地域爆撃論と同じルーツから生まれた産物として、空爆に対する過大な幻想と期待が基礎となっていることは否定できない。

市民生活の破壊が空爆の目的

都市に対する選択爆撃はどのようにして住民の戦意の崩壊をもたらすのか。フェアチャイルドは、四月六日の講義「空軍　ニューヨーク工業地域」で「典型的な大都市」ニューヨークを例にとって次のように説明している。

「攻撃目標は三つである。まず水の供給を不可能にする送水設備。衛生状態を悪化させ、渇きを引き起こし、火災の脅威を高める、その結果、都市に対するこの攻撃方法によってほとんど皆が立ち退かなければならなくなる。鉄道橋の破壊はいたるところで食糧の配給を困難にする。巨大な首都地域を食べさせることは、地域内への鉄道連絡が休みなく続くことに左右される。少しでもそれが妨げられれば、ほとんどただちにさまざまな食品の不足が問題化するだろう。地域は居住できなくなり、住民は立ち退かなければならなくなる。電力施設を爆撃すればポンプが動かなくなって水道供給が半減し、冷蔵食料は腐り、家庭には電気が通じなくなる。」（大意、Schaffer 前出書）

ここで述べられているのは都市生活維持に必要なインフラを破壊し、住民の居住と生活を不可能にする爆撃である。産業的、経済的目標の爆撃といっても、軍事物資の製造能力の破壊、兵站線のかく乱など戦場にいる軍の作戦能力に対する爆撃の効果などについてはほとんどふれていない。かわりに、爆撃が国民経済を破壊し、住民の間に多くの不便を引き起こすので、彼らは敵の意思に黙従することを政治的に要求するようになるだろうと論じられている。非軍事的なインフラを破壊することで、間接的に住民の戦意を崩壊させることが目的である。

独ソ戦が始まり、日米開戦が近づいた一九四一年八月、ルーズベルト大統領の求めに応じて、来るべき世界戦争における空軍の役割について考察した計画であるＡＷＰＤ-１「潜在的敵国を敗北させるための米空軍軍備の必要」がつくられた。第二次大戦でのアメリカの戦略爆撃計画の基本とされたもので、ACTSの教官たちが作成に協力し、ACTSの教義を凝縮したものと言われた。国民経済・社会組織の爆撃によって敵の戦争能力を破壊することを戦略爆撃の目的とし、とくに電力、輸送、石油供給に対する攻撃を重視した。

一般住民への攻撃についてはタイミングの問題が最も重要だとし、「ドイツの民衆が打ち続く窮乏と被害にうんざりし、軍の最終的な勝利を信じなくなりつつあるときに、都市を持続的に爆撃すれば彼らの戦意を完全に失わせることができる」と論じた。心理的に正確なタイミングを選んで、空爆を民衆の戦意に向ければ戦争は早く終わるだろう、しかるべきときにベルリンの市民に対し大規模かつ全面的な攻撃を加えれば「きわめて大きな利益を得ることができる」として、最終的にはテロ爆撃により戦争を終結にみちびくドゥーエ－ミッチェル的な展望が語られている。

3　国際法の「例外」――植民地と空からの毒ガス戦

国際法の例外――植民地戦争

第一次世界大戦では、戦線からはるか離れた要地に対する戦略爆撃も行われた。ドイツのツェッペリン飛行船によるロンドン空襲が有名であるが、イギリス空軍(RAF)も戦争の最後の年にドイツの工業中心地を爆撃、総計三〇〇トンの爆弾を投下した。その結果、戦意の低下、軍需生産の減退、通信の混乱、住民の疎開などによって、ドイツの軍事当局は戦線から二〇以上の編隊を引き上げ、都市防衛にまわさなければならなくなった。

戦後、空戦の法的規制が問題となり、あらたに「空戦に関する規則」(一九二三年)がつくられた。空爆については、軍事目標主義を採用して、住民に対する無差別爆撃を禁止した(七三—七七頁参照)。また一九二五年には「毒ガスの禁止に関する議定書」(ジュネーヴ議定書)が成立し、毒ガスおよび細菌学的手段の戦争における使用が禁止された。二八年には戦争そのものを違法とした不戦条約も成立した。

不戦条約が成立した年、ドゥーエは『未来戦の様相』(*The Probable Aspects of the War of the Future*)を出し、「平時につくられたすべての規制、すべての協定は戦争という風が吹けば枯葉のように吹っ飛んでしまう」と断言した。戦争手段が人間的だとか、非人間的だとかということはできない。第一次大戦は「人間的、文明的と認められた手段」で遂行されたが、数百万人が死に、数百万人が手足をなくした。戦争方法の道徳的規制は「国際的悪魔的な偽善」で未来戦は「非人間的で残虐な営為となるだろう。どんなに非人間的で残虐とおもわれても、誰もおそろしい攻撃を用いることをためらわないだろう」と予言した(Biddle 前出書)。

驚くべきことには、一九三〇年につくられたＡＣＴＳのマニュアルは、敵国住民に対する空爆の解説として、爆撃機は都市住民を直接的に高性能爆弾、毒ガス噴霧かガス弾で攻撃し、あるいは間接的に水道供給と電力システムの破壊、または食料配給の擾乱により非戦闘員に恐るべき被害をあたえることができると述べている。ジュネーヴ議定書をはじめ国際法などはどこ吹く風という有様である。

ジュネーヴ議定書の前文には、毒ガスなどの禁止理由として、使用が「文明世界の世論によって正当にも非難されている」ことをあげている。しかし「文明世界」の現場の空戦専門家たちのあいだでは、これらの規制を無視または軽視する空気が強かった。

一九三〇年代以後の戦争ではイタリア、日本などを例外として禁止兵器が使われなかったことは事実だが、それは対等な「文明国」の間の戦争では、禁止兵器の使用が相手国の同一手段による報復を招くことを恐れたからであった。ジュネーヴ議定書の批准に当たって、多くの調印国が、先制攻撃を受けた場合の同一手段による報復の権利を留保した。しかし相手が対等の報復手段をもたない非「文明」国であった場合には、禁止兵器が公然と使われ、国際法による規制を実質的に無効化した。その好例がスペインとイタリアの植民地戦争である。

最初の「空からの化学戦」

北アフリカのモロッコ南部は一九一二年にスペインの保護領となったが、リーフ族など有力な部族はねばりづよく抵抗を続けた。一三年一一月、スペイン軍の双発機が中心都市テトゥアン南方の村落にドイツ製の榴散弾《りゅうさんだん》を投下したのが最初の爆撃であった。第一次大戦後には、スペインは内陸部の征服をこころみて有力部族の抵抗に遭い、植民地戦争に発展した(リーフ戦争)。スペイン軍は空爆を繰り返し、大量の毒ガスを使用した。二五年九月、テトゥアンのドイツ領事館は「モロッコの反乱者たちは国の心臓部で懲罰をうけている」、スペインの空軍が家々を吹き飛ばし収穫を焼き、マスタードガスで村々を攻撃していると報告している(Sven Lindqvist (translated by Linda Haveerty Rugg), *A History of Bombing*, The New Press, 2001)。

世界史上最初の「空からの毒ガス戦」の実態を、陸軍文書によって明らかにしたスペイン史研究者、深沢安博は、「リーフ戦争での空爆と毒ガス戦は戦闘員(といっても保護領=事実上の植民地の住民)だけではなく住民、居住地、市場、役畜、生産物などの徹底的破壊を意図して実行されたものであり、両方相まっての規模と意義において史上初とみなされうるもの」と要約している。深沢の推定では、リーフ戦争の約四年間に四〇〇トンあるいは五一〇トン以上の毒ガスが使われた(深沢安博「リーフ戦争におけるスペイン軍の空爆と毒ガス戦——「空からの化学戦」による生存破壊戦略の初の展開か」茨城大学人文学部紀要『人文コミュニケーション学科論集』第一号)。しかし「文明世界」は、それをほとんど問題にしなかった。

スペインの毒ガス戦に必要な資材、援助を提供したのはドイツである。国防軍の了解のもとで、ドイツ企業による毒ガス、毒ガス物質、製造技術の供与が行われた。一九二五年に「とくに空戦における毒ガスの使用について経験をつむため」、スペインに招聘されたドイツ軍将校(その一人ヤコブ・イェショネクはのちにドイツ空軍参謀長になる)は「スペインは主として組織的な空爆の成果と毒ガスの破滅的な効果を頼りにしている」と報告している。しかし彼らの結論は、住民に対する爆撃は戦争の終結には決定的な役割を果たさなかったというものであった。

「組織的な空爆の成果」としてもっとも深刻なのが、一九二五年の無防備都市シェシャウエン(シャウエン)空襲である。武器をもつ男子が戦場に出撃していた、この町の空爆では、まったく無防備の女性と子どもが大量に死傷した。モロッコの歴史家ケンビブは、リーフ戦争中の毒ガス弾投下はリーフ人に対する「ゲルニカ」だったと述べたが、そのうえで「実際にはリーフ戦争中の生存破壊戦略の結果は量的にも質的にもゲルニカ爆撃のそれをはるかに凌ぐものだった」と指摘している。モロッコの毒ガス戦でのドイツとスペインの協力は、やがてスペイン内戦のときのフランコ将軍と、ドイツのコンドル軍団(Legion Condor)の協力に発展し、ゲルニカでシェシャウェンの悲劇が再現される。

リーフ戦争とスペイン内戦の連続性について、二〇〇七年に東京で開かれたシンポジウムで深沢は三つの連続性を指摘した（東京大空襲・戦災資料センター 戦争災害研究室主催「シンポジウム無差別爆撃の源流――ゲルニカ・中国都市爆撃を検証する」報告書、二〇〇八年二月二〇日）。

第一は、空爆の戦略の連続性である。「植民地モロッコの支配のために立ちあげられた」スペイン軍の空軍力が「リーフ戦争において決定的戦力として現われ（中略）しかも抵抗する住民とその条件を徹底的に破壊する空爆の戦略が（中略）次の戦争であったスペインの内戦でも可能ならば展開されようとした」。

第二は、空爆を遂行した軍人グループにおける顕著な連続性である。「空爆を遂行した航空隊の軍人たちがほぼそのままスペイン内戦時の両派の空軍の指導部を構成し（中略）〔陸海軍の〕航空隊のおおくは、共和国政府に忠実だった。しかし、反乱側に回った航空隊（のちの空軍）の司令部は、リーフ戦争時に空軍力を飛躍的に高めて空爆を遂行した軍人たちからなった」。

第三は、ドイツ軍部との関係における連続性である。「〔内戦の〕当初は危うかった反乱軍人たちが、ただちにドイツ軍に支援を要請し、またドイツ軍がただちに反乱派を援助したことは、リーフ戦争以来つくられてきたスペイン軍人（とくにアフリカ派）とドイツ軍人たちのコネクションによって可能となった」。

第二章 「ファシズム時代」と空爆
——無差別爆撃を許す「文明世界」

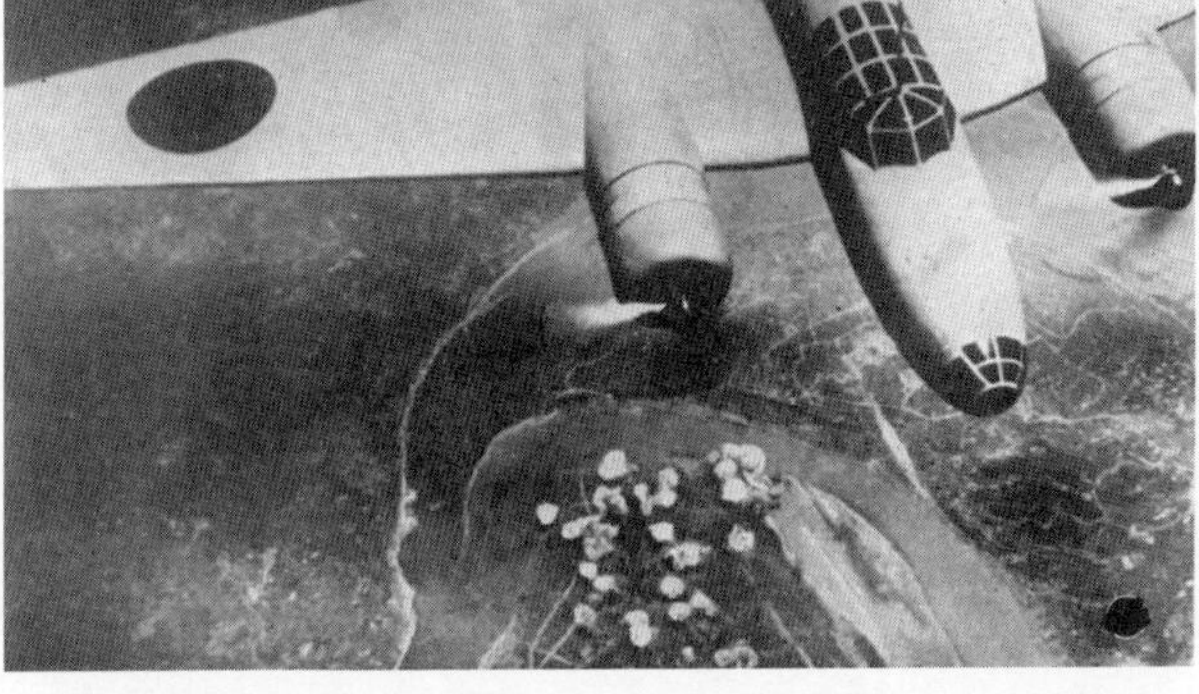
重慶を爆撃する日本海軍機(1940 年 8 月　写真提供＝共同通信社)

1 「人道的な帝国」の非道とゲルニカ実験

最初の反空爆記念碑

ロンドンの郊外、エセックス州ウッドフォードグリーンに世界史上初めてつくられた反空爆記念碑(Anti-Air War Memorial)がある。ピラミッドの頂点に石の爆弾が突き刺さっている形のデザインである。記念碑の建造は、一九三六年五月五日に告知され、六月二一日に除幕式が行われた。当時ワーウィック侯爵夫人が建立の意義を次のように書いている。

「どんな町や村にも死者のためのメモリアルが何千とある。しかし未来戦の危険を想起させるものは一つもない。自国政府に空爆を非合法化させるため、あらゆる国の平和愛好者は団結すべきである。私たちはこのような残虐——押しつぶされた肉体、はみ出した内臓、吹き飛ばされた頭、腕、足、なかば欠けた顔、血と人間の残骸が大地を汚すことを許すことはできない。私たちは、男、女、子ども、動物の無慈悲な殺戮《さつりく》に反対する。」

記念碑を発案したうえ、敷地まで提供したのはシルヴィア・パンクハーストであった。母エミリーはイギリスの婦人参政権運動の創始者として有名であるが、シルヴィアは一九一九年にイタリアに留学し、ボローニャでファシストの暴行を目撃したのをきっかけにファシズムに反対する決意を固めた。イタリアでは一九二二年にファシスタ党のムッソリーニが総統となったが、独裁体制が固まると、やがて一九三五年一〇月にはエチオピア戦争をはじめた。

シルヴィアはエチオピアの支援を決意し、愛人のシルビオ・コリオとともに英字紙New Times and Ethiopian News(NTEN)をロンドンで刊行し、残虐な植民地征服戦争の実態をひろく世界に伝えた（岡倉登志「イタリア占領前半期のエチオピア――ある報道を通して」『駿台史学』第八〇号、一九九〇年一〇月）。実は反空爆記念碑の除幕式は二回行われた。第一回はエチオピア戦争勃発直後であったが、まもなく石の爆弾は盗まれた。盗んだのはファシズム運動の同調者と思われる。爆弾は新しくつくりなおされ、翌年六月に二回目の除幕式が行われた。

記念碑の正面には、皮肉な献辞が刻んである。それは「一九三二年に爆撃機を使用する権利を擁護した人々に」捧げるとしている。一九三二年はジュネーヴ軍縮会議が開かれた年である。空軍問題について、一般

イギリス・エセックス州ウッドフォードグリーンに建てられた，最初の「反空爆記念碑」（撮影＝波田永実氏）

委員会決議として「一般市民に対するいっさいの空襲を厳禁す」ということが提案されたが、イギリスでは反対が強かった。前首相スタンレイ・ボールドウィンのスピーチが有名である。「爆撃機はいつでも飛び立つだろう。唯一の防御は攻撃だ。貴方が自分を救おうとするのなら、敵よりもっと多くの女子どもを、もっとすばやく殺さなければならない」。記念碑はこの人々に捧げられたのである。そして碑の左側面には「この記念碑は空戦に対する抗議として建てられた」と刻まれ、本来の目的が明らかにされている。

エチオピア戦争と「空からの毒ガス戦」

エチオピアは東アフリカの独立王国で一九世紀末にイタリアの侵略を受けたが、アドゥワの戦いで撃退した歴史があった。ムッソリーニは「文明国」が「未開国」にやぶれたアドゥワの復讐を名目に一九三五年一〇月三日、エチオピア侵略をはじめ、翌年五月五日には首都アジスアベバを占領した。

ムッソリーニは首都を占領するとエチオピア併合を宣言したが、エチオピア人は抵抗をつづけ独立を回復しようとした。第二次世界大戦がはじまり、英軍が一九四〇年にエチオピアを再占領するまで抵抗はつづいた。エチオピア戦争の五年間を通じてエチオピア側の死者七三万人(四〇万人説もある)、そのうち三〇万人が餓死者、三万五〇〇〇人が強制収容所で死んだと言われる。この数字自体が、イタリアの戦争がいかに残虐なものであったかを物語っている。
イタリアは戦争中にも占領期にも、エチオピア各地で無差別爆撃と毒ガス攻撃を行い、容赦なく住民を殺した。エチオピアでのイタリア軍の空爆の有様について、一九三六年一月三〇日、エチオピア皇帝ハイレ・セラシエがみずから国際連盟で訴えた演説が活写している。

「イタリア軍はおもに戦線から遠くはなれて暮らす人々を恐怖に落としいれ、絶滅するために攻撃を集中した。彼らの飛行機にはマスタードガスの噴霧器がとりつけられていたので、微細で致死性の毒ガスを広範囲に散布することができた。一九三六年一月からは、兵士、女性、子ども、家畜、川、湖と野原がこの果てしない雨でびしょ濡れにされた。生きとし生けるものを滅ぼし、さらに確実に水路と牧野を破壊するため、イタリア軍司令官は絶え間なく飛行機を巡回させた。おそろしい戦術は成功だった。人間も動物も滅んだ。死の雨にふれた人は皆逃げ出し、苦痛の叫びをあげた。毒入りの水を飲み汚染された食べ物を食べた人は皆、苦悶しつつ死んだ。」

エチオピア戦争は植民地の一般住民に対する毒ガスの使用と、無差別爆撃が大規模に行われたことで、リーフ戦争（二八―三〇頁参照）と重なり合う。総司令官ピエトロ・バドリオは毒ガスの使用を躊躇しなかったし、アジスアベバ占領後にエチオピア副王に任命されたルドルフォ・グラツィアーニは残酷さで有名であった。一九三七年二月に彼の暗殺未遂事件が起こると、ファシスタ党の義勇兵組織、黒シャツ隊に三日間好きなだけエチオピア人を殺してもよいと命令をだした。シルヴィア・パンクハーストの『NTEN』紙(三月一三日付)は「黒シャツ隊の一団は、ライフル銃、ピストル、爆弾、ナイフ、こん棒などを用いて好き勝手なことをした。今回の虐殺での犠牲者の数は約六〇〇〇人といわれている」(岡倉登志訳)と報じた。

ムッソリーニは「エチオピアの命運は尽き、ついにイタリアは、帝国を獲得した。それは、文明の帝国であり、エチオピアの全人民に対して人道的な帝国である」と演説して併合を誇示した。「文明」「人道」の名で残虐な行為が繰りかえされ、侵略戦争が正当化されたのである。

併合後のエチオピア人の抵抗運動の鎮圧について、石田憲は著書のなかで次のように述べている。「ムッソリーニは一九三六年六月から七月にかけての訓電で、反乱捕虜の射殺を命じ、反乱掃討に毒ガスの使用を奨励した。そして反乱者「根絶」のため、イタリア人犠牲者一人に対し、一〇人の処刑を指示したのである」、そして「文明」の名において一般住民に対する無差別爆撃と毒ガス投下が実行されたが「しかしエチオピア戦争に反対し、イタリアに経済制裁を課していた国際連盟理事会においてさえ(エチオピア)住民に対する無差別爆撃それ自体が問題にされることはほとんどなかった」(石田憲『地中海ローマ帝国への道――ファシスト・イタリアの

対外政策　一九三五—三九』東京大学出版会、一九九四年)。

国際連盟は、加盟国のひとつであるエチオピアに対するイタリアの侵略を不法な武力行使として、経済制裁を実施した。しかし、フランスの国防相ムーラン将軍は、三六年一月二九日付の仏首相宛の手紙で「イタリアの敗北は、すべての植民地領有国の敗北と受け取られるだろう。植民地支配国はいずれかのヨーロッパ強国に黒人国家が勝利するのを見たいとは思わないだろう」と書いて、率直に植民地主義的所感を公にした(E. M. Robertson, Race as a Factor in Mussolini's Policy in Africa and Europe, *JCH*, Vol. 23, No. 1)。

イギリスの高官の間にも、エチオピアの勝利を「危険だ」とみなす空気があった。ムッソリーニは文明と人道の名によって無差別爆撃と毒ガス戦を正当化し、国際連盟もそれを黙認したことになる。連盟理事会は、イタリアがエチオピアで赤十字を爆撃したことを問題にしたが、それはヨーロッパ諸国に属する赤十字の救援隊が爆撃された場合だけであった。戦争手段の規制について、当時の世界にはあきらかにダブルスタンダードが存在した。その不条理を「文明世界」に意識させなかったのは、当時の「文明」に固有な植民地主義、人種主義の心情からであった。

スペイン内戦とイタリア

イタリアがエチオピア併合を宣言した二カ月後、七月一七日にスペインのフランコ将軍が、モロッコで現地住民正規軍と外人部隊を動員して反乱を起こし、スペインの内戦が開始される。イタリアはスペインに地上部隊とともに航空軍団(Aviazione Legionaria)を派遣し、内戦に介入する。空軍のパフォーマンスという点でいえば、イタリアがエチオピア戦争で使用した毒ガス総量は三一七トン以上といわれるが、占領期にもエチオピア人の「反乱」掃討＝「平定」作戦のために毒ガスの使用を含む大量虐殺が公然と行われ、三九年までに五〇〇トンをくだらない量の毒剤が投下された(デル・ボカ編、関口英子他訳『ムッソリーニの毒ガス――植民地戦争におけるイタリアの化学戦』大月書店、二〇〇〇年)。毒剤の約六割がスペイン内戦と同じ期間(一九三六―三九年)に、エチオピア人の「反徒」討伐のために使用されたことになる。

スペインに派遣されたイタリアの軍事情報部は、スペインでも化学兵器の実戦実験を行おうとした。毒物や伝染病の病原体を撒布する計画であったようである。計画は実行されなかったが、スペインを集団的人体実験の場とする意図があったことは確かであろう。意図があっても実行されなかったのは、スペインがヨーロッパの「文明」国であったからであろう。

ゲルニカ爆撃とコンドル軍団

第二次世界大戦前夜の、一般住民を標的とした都市爆撃として最も有名なのはスペイン北部の都市ゲルニカに対する爆撃(一九三七年四月二六日)である。ゲルニカはバスク地方の古都で、古くからこの町の議事堂に保存されているオークの樹は、バスク地方の自治の象徴として有名であった。今でもバスクの大統領は就任するときに、この樹の前で宣誓する慣わしがある。バスク人の自治意識は歴史的にきわめて強く、現在でもバスクの分離独立運動はスペイン政治の最大の難問となっている。内戦のときにはバスクは共和国政府の北方における拠点であった。

スペインでは前年七月のフランコ将軍の反乱以来内戦が続き、三七年四月には内戦の主舞台はバスクに移っていた。ゲルニカを爆撃したのはイタリア機とドイツの派遣した航空部隊コンドル軍団であった。フランコの空軍の役割は分からない。

ゲルニカは常住人口五〇〇〇人の地方都市であるが、四月二六日は市の開かれる定例の日に当たり、近郊の農村からもおおぜいの人が市内にやってきた。また戦線を離れる難民や兵隊の退路でもあり、町はごったがえしていた。この日の在市人口は七〇〇〇人から一万人と見られている。

空爆は午後四時半ころから始まり、数波にわたり三時間以上つづいた。ゲルニカ爆撃の七〇周年に当たる二〇〇七年四月二六日、バスク地方のテレビ「バスクニュース情報チャンネル」(Canal Vasco de noticias e informacion)がゲルニカ爆撃の特集番組を組み、爆撃の模様を動画入りで放映した。番組には、公表された最新のデータにより爆撃機の種類と機数、投下した爆弾の種類と量が収録された。爆撃機のほかに護衛戦闘機があり、地上に機銃掃射を加えた。筆者は、かつてゲルニカに投じられた爆弾は二〇トンから三〇トンの間と推定したが、バスクテレビの数字はこの範囲内であり、現時点ではもっとも真相に近いものと考えている(表2-1)。表2-1で一キロと表示してある爆弾は焼夷弾である。ゲルニカの常住人口にほぼ匹敵する数の焼夷弾が投下されたことがわかる。爆撃によってゲルニカ市街の建物の二五%が破壊されたが、最終的には市街の七〇%(七四%という数字もある)が炎上した。焼夷弾による市街地の焼き払いが爆撃のねらいであったことを被害状況が裏づけている。

爆撃当日の夜、いち早くゲルニカに入った外国特派員は、『ロンドン・デイリー・モール』のノエル・モンク記者であった。彼が最初に目撃したのも炎上する夜景であり、多くの焼けた死体であった。

「私は最初にゲルニカに到着した特派員であったが、すぐにバスク兵たちにせきたてられ、炎にあおられて焼け焦げた死体を収容するために働かされた。兵隊のうちには子どものようにすすり泣くものもいた。炎と煙、灰燼だらけで、人体の焼けるにおいが吐き気を催させた。家々は地獄のなかに崩れ落ちた。」(Noel Monks, *Eyewitness*, Muller, 1955)

表2-1　ゲルニカ爆撃に使用された爆撃機と爆弾の種類と重量

爆弾の種類	ユンカース52 19機		サヴォイア79 3機		ハインケル111 2機 ドルニエ17 1機		合　計	
250キロ	28個	7.0トン			11個	2.75トン	39個	9.75トン
50	192	9.6	36個	1.8トン	32	1.6	262	13
1	5,472	5.47					5,472	5.47
合計	22.07		1.8		4.35		28.22トン	

出所：Canal Vasco, 2007/04/26

建築様式と焼夷弾の効果

ゲルニカ爆撃はなによりも焼夷弾を大量に使用した最初の無差別爆撃であった。その意味で東京大空襲(一九四五年三月一〇日)と直接結びつく要素がある。表2-1の示すように焼夷弾の次に五〇キロ爆弾が多く使われたが、それは他の西欧諸国や中欧諸国と異なり、木材を多用したスペイン家屋の建築様式を考慮した結果であった。

スペインでは煉瓦建築であっても屋根の木組み、壁の木骨などに多く木材が使われる一方、室内には燃えやすい家具などはわずかで、窓には炎上しやすいカーテンがない。そこで焼夷弾により火災が発生しても、街区一帯に延焼させ火炎地獄を現出するためには、燃えやすいように周辺の家屋を壊しておく必要がある。堅固な石造建築には歯がたたない軽量の五〇キロ爆弾でも、平たい家屋が密集するスペインの都市では、焼夷弾との併用により効果を発揮できる。コンドル軍団はあらかじめ「スペインの市街に対する爆弾の効果」を調べるため、スペインの都市建築専門家との会談を計画した。五〇キロ爆弾の多用はこのような調査の結果であった。

成功した市街地焼き払い

以上の他に二五〇キロ爆弾三九個が投下されているが、その効果として期待されたのは何であったのか。

軍団の実験では、二五〇キロ爆弾により爆心から半径一六メートル以内では煉瓦建築は完全に破壊されるか、修復不能になった。二五〇キロは焼夷弾と併用するにはあまりにも強力すぎ、また爆撃機の弾倉に多くは詰め込めない――コンドル軍団の爆撃機の場合、一機の弾倉の収容能力は六発ないし八発、焼夷弾ならば二五〇キロ一発分のスペースに四容器、一四四発収納可能であった(荒井信一『ゲルニカ物語――ピカソと現代史』岩波新書、一九九一年)。

二〇〇三年にドイツの『シュピーゲル』誌(二〇〇三年第三号)はコンドル軍団の技術将校ヨアヒム・リヒトホーフェン(コンドル軍団の参謀長と同名であるので報告書にはR2と署名)がゲルニカ爆撃の一カ月後に作成した秘密報告を入手し、その内容を公表した。ドイツの内戦介入が「現実的な条件のもとで近代的な戦争資材と戦術をテストするためであった」ことを証明する資料である。内戦で使用されたドイツ、イタリア、スペイン(フランコ反乱軍)の爆弾の効果についてコンドル軍団に報告し、今後の運用改善について示唆した。報告書は、ゲルニカ爆撃についいては「最初に焼夷弾を落とし多くの家の屋根に火をつける。そのあとに消火の邪魔をするために、二五〇キロ高性能爆弾を投下して水道管を破壊する」という事前の計画(実際の順序は逆)があったことを明らかにしている。ゲルニカの場合には、強力な二五〇キロ爆弾は水道管を破壊し、消火を妨害することにより火災を拡大する目的で投下されたのである。このことも、ゲルニカ爆撃の主目標が火災による市街地の壊滅であったことを傍証する事実ではないか。

コンドル軍団の参謀長ヴォルフラム・フォン・リヒトホーフェンは爆撃の四日後に市内の惨状を視察した。町はすでに反乱軍の手に落ちていた。リヒトホーフェンは日記(四月三〇日付)でゲルニカの惨状を報告した。

「人口五〇〇〇人の町、ゲルニカは大地と化した。攻撃は二五〇キロ(爆弾)と焼夷弾でおこなわれたが、後者はおよそ三分の一。ユンカース第一飛行中隊が到着したとき、すでにいたるところに黒煙――三機で攻撃したVB部隊による。もはや道路、橋、城外の目標を認めることができず、市内に投下した。二五〇キロはいくつかの家を倒壊させ、水道を破壊した。焼夷弾がばらまかれ、それまでに効果を発揮する時間があった。家の建築様式――瓦葺き、木の回廊、木骨建築は完全に壊滅した。(中略)それはまさにわが二五〇キロとE・C・B・Iのおさめた技術的勝利。」

現在のレンテリア橋．ゲルニカ爆撃の標的となった（撮影＝山本耕二氏）

文中にあるE・C・B・Iは、ドイツの代表的な化学企業I・Gファルベンの開発した一キロ・エレクトロン焼夷弾である。リヒトホーフェンの日記の記述は道路、橋、城外の目標（武器工場）などを軍事目標としてあげているが、実際には橋（レンテリア橋）も武器工場もまったく被害を受けず無事であった。軍事目標主義からすれば爆撃は失敗であった。

それにもかかわらず日記は二五〇キロ爆弾による水道の破壊、家の建築様式とその完全壊滅などを特記しつつ、爆撃が事前の計画通りに行われ、それが成功したことを誇っている。最後にある「それはまさにわが二五〇キロとE・C・B・Iのおさめた技術的勝利」という言葉は実験成功の雄叫びのように聞こえる。

ゲルニカ爆撃と東京大空襲

ゲルニカ爆撃の主役は焼夷弾であり、爆撃の目的が建築に木材を多く使用する都市の特性に合わせてその壊滅をはかることにあったのはあきらかである。それから八年後、一九四五年三月一〇日、東京の下町がアメリカのB29重爆撃機の空爆を受け壊滅した。空爆の手口という点で、建築様式に共通性があるゲルニカ爆撃と東京大空襲と重なり合う。

まず第一に市街地を焼き払うことが目的とされ、そのため大規模に焼夷弾が使われた。その意味では住民が直接のターゲットであった。当日のゲルニカの在市人口を一番多く見積もったのは『ロンドン・タイムズ』のスティヤ記者で「七〇〇〇の住民と三〇〇〇の避難民」と書いているので、この数字をあてはめてみても投下された焼夷弾は一・八人当たり一発となる。ゲルニカは焼夷弾の大量投下による無差別爆撃の効果が初めて試されたケースとみてよい。

また用法についても重なり合う点がある。一つは、なるべく広く焼夷弾をばらまくために、一容器に三六発を集束するクラスター焼夷弾が使われた。またゲルニカでは、焼夷弾による燃焼効率を高めるために五〇キロ爆弾が使われ、消防の邪魔をするために二五〇キロ爆弾が投下された。東京空襲の場合には別々の機能が一つにまとめられている。たとえば先導機の投下したM47A2五〇キロ油脂焼夷弾には、爆発時にナパームを飛散させるため爆薬もしかけてあり、爆風による破壊効果と相まって「あまり大きくない木造家屋であれば、一瞬に家全体が燃え上がることにもなる」(奥住喜重・早乙女勝元共著『東京を爆撃せよ　米軍作戦任務報告書は語る』三省堂、二〇〇七年)。ゲルニカでの五〇キロ爆弾の破壊効果と焼夷弾の焼夷効果を合体させたものと言えるだろう。ゲルニカ爆撃の技術的に進化した形が東京空襲ということも言えなくはない。

隠蔽されてきた被害

爆撃によりゲルニカの市街地の二五%の建物が被害を受け、その七〇%が炎上した。当時、バスク政府が発表した公式数字は死者一六五四人、負傷者八八九人であるが、死者二〇〇以上(イギリスの歴史家ヒュー・トマス)、一〇〇〇以上(一九九九年四月二四日、ドイツ議会決議)という報告もあり、正確な数はわからない。現在のバスクのメディアは、記録などで確認できる多くは避難したシェルターで生き埋めになった死者だとし、その数は二五〇人と推定している。それ以外の理由による死者がどのくらいであるかは確かめようがない。

ゲルニカは爆撃の三日後にフランコ軍に占領され、さらに一九三九年にはフランコを総統とする独裁政権が生まれた。それ以来四〇年以上にわたりスペイン政府は、町の破壊をバスク側の放火によるものとして真相を隠蔽した。その一方で、役所や教会の記録にあたって被害を推定しようとする試みは最初から拒否された。爆撃がドイツ機によるものであることを、フランコ政府が初めて認めたのでさえ、ようやく一九七〇年になってからのことであった。同年一月三〇日、フランコ派の新聞『アリバ』が発表したゲルニカの死者はわずか一二人であった。

ゲルニカ爆撃の八カ月後の日本軍の南京大虐殺(南京事件)の場合にも、事件の否定と真相の隠蔽がつづいてきた。事実がいち早く世界に知れわたったのは、ジャーナリストの報道と南京にとどまった外国人たちの発信によるものであった。ゲルニカ爆撃についても、スティヤ記者らジャーナリストによる報道と、各国を巡回したピカソの絵画『ゲルニカ』によって事件の衝撃がただちに世界に伝えられた。

大戦後のニュルンベルク戦犯裁判で、当時のドイツ空軍相ヘルマン・W・ゲーリングはフランコを支援した理由について、「この機会にあれこれの技術的問題について私の幼い空軍のテストをするため」であったと証言した。そして「ヒトラーの許可を得て、私は空輸機集団の大部分と、数多くの実験用の戦闘機隊、爆撃機および対空砲を送った。こういうやり方で実戦において任務を果たす力があるかどうかを確認する機会とした。乗員についても経験を積ませるために、新人を送りこみ経

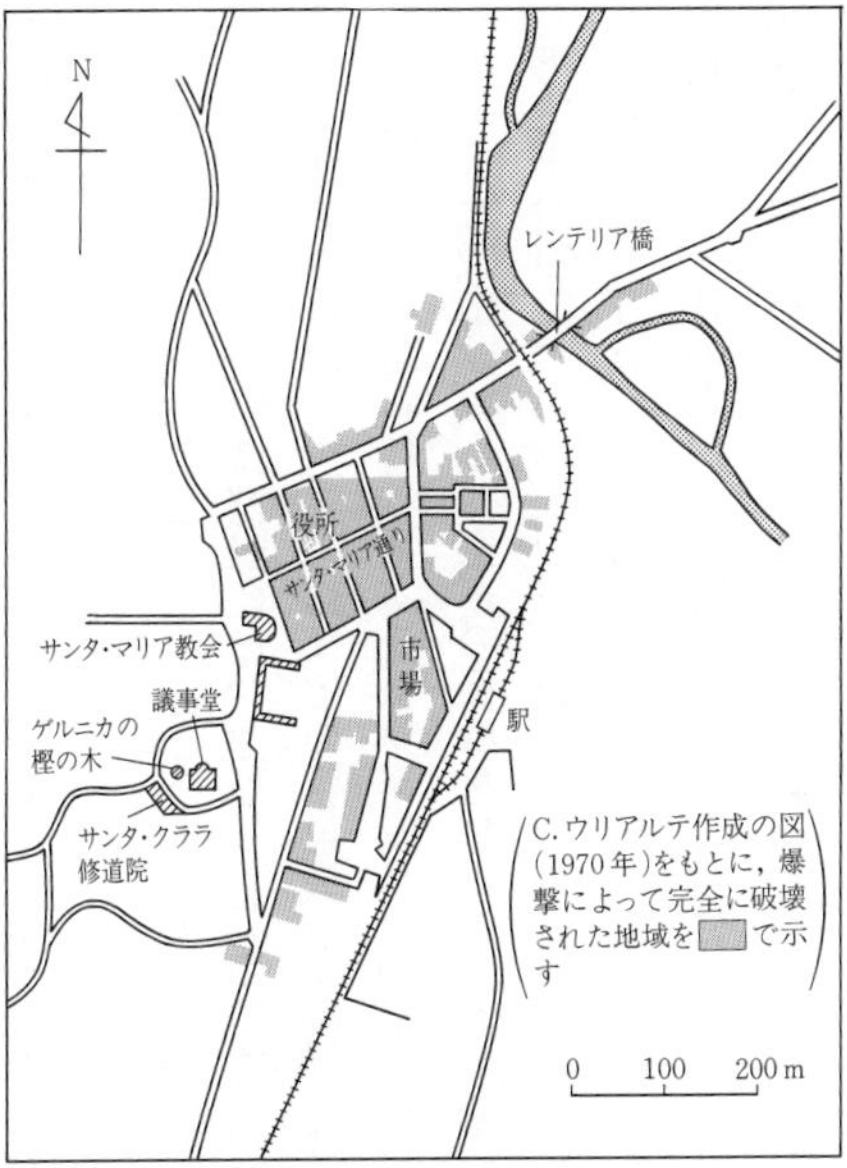

ゲルニカ市街略図

験者を呼び戻す流れが途絶えることなくつづくようにした」と語った（ゲーリングの証言、一九四六年三月一六日）。

先に引用したリヒトホーフェンの日記（四三頁参照）にあるVB部隊とは実験爆撃機部隊の略称である。実験爆撃機部隊には、開発されたばかりの双発重爆撃機ハインケル111、「空飛ぶ鉛筆」と渾名されたドルニエ17などの新鋭機が配属されていた。戦闘機部隊にも、ドイツの代表的な戦闘機とうたわれるメッサーシュミット109が六機配備され、はじめて実戦を経験した。

第一次大戦に敗戦し、空軍の保有を禁止されたドイツは一九三五年に再軍備を宣言し、空軍の再建を始めた。スペインの内戦はこの空白を埋め、さらに新たに開発した軍用機や爆弾などの効果、運用方法などを試す絶好の実験場であった。あるドイツの将軍は、それを「二年間の実戦経験は平時の訓練の一〇年分以上に役に立った」と要約している。実験としてのゲルニカ爆撃は爆撃の被害を受けた一般住民の側からいえば、自分たちが集団として人体実験の対象になったということになる。自民族（人種）以外を劣等民族視するナチズムの人種主義がその背景にあった。

ドイツでゲルニカ爆撃の責任があらためて問い直されたのは、東西ドイツ統一後の一九九〇年代である。一九九七年にロマン・ヘルツォーク大統領が、あいまいな言葉遣いではあったが、ドイツの国民と国家にかわってゲルニカの被害者に謝罪の手紙を書き、すべてのドイツ市民の名前で「和解と、友好の手」を差し出した。翌年、議会がドイツの軍事基地から旧コンドル軍団員の名前を削除する立法を行った。二〇〇七年には広島、ドレスデン、ワルシャワ、オシフィエンチム(アウシュヴィッツ)などからの参会者をも含む国際的な平和集会がゲルニカで開かれ、ゲルニカが「平和のための世界首都」となったことが宣言された。

ワルシャワ爆撃

コンドル軍団はやがて第二次大戦のドイツ空軍に進化し、大戦初期にはポーランドや西欧で本格的な活動を開始した。空軍が急降下爆撃により敵の前線部隊をかく乱し、地上部隊の迅速な進撃を助けたことは「電撃戦」として世界の注目をあびた。

スペインでの「実験」に関するR2(四二頁参照)の秘密報告書は、建築様式の違う「中欧や西欧の状況に応用すれば、五〇キロ爆弾での攻撃は建物の持続的な震動さえ起こすことができない」、そこで中欧や西欧での都市爆撃の場合に備えるため「一〇〇キロから一五〇キロまでの中型爆弾の開発」を推奨していた。その長所は「特別につくられた防空施設がなければ防ぎようがない」ので、住民の「戦意への影響」はきわめて大きいということにあった。石造建築の多い中欧・西欧での都市爆撃では、焼夷弾と併用する爆弾として中型爆弾が有効とされていた。

ヨーロッパにおける大戦は、ポーランドに侵入したドイツ軍に対し一九三九年九月二日、英仏が宣戦布告をしたことから始まる。開戦とともに、ドイツ軍は、ポーランドの首都ワルシャワをめがけて進撃し、早くも九月二七日には首都を陥落してポーランドを降伏させた。ワルシャワ戦ではドイツ軍は五回の降伏勧告をつきつけたが、市民と一体化したポーランド軍はそれを拒否した。九月二五日から三日間、ドイツ空軍は降伏を強要するためはげしい爆撃を行った。爆撃が最もはげしかった二五日だけで四八七トンの破砕爆弾と七二トンの焼夷弾が投下された。ワルシャワ爆撃は、いかなる都市もこれまで経験しなかったテロ爆撃となった。爆撃機の不足したドイツ軍は、ユンカース52型輸送機を動員した。投下に必要な設備のない民間機だったので、大量の焼夷弾を石炭用のシャベルですくいワルシャワ上空にばらまいた。

ポーランド降伏の二カ月後ドイツの空軍は爆撃、とくに焼夷弾の作用について総括した。「ワルシャワに対する大成功のあとでは、大都会の住宅地域に対する焼夷弾の効果についてはまったく疑問の余地はない。(中略)同時多発的に最大限可能な火災を発生させるための焼夷弾の大量投下。(中略)それと重なりあう破砕爆弾による波状攻撃は、住民を避難所にとじこめ、個々の火災が合流して大火炎がつくりだされた」と報告された。

2　中国民衆の「抗戦意思」への攻撃

日中戦争と空爆

ゲルニカ爆撃からほぼ一〇〇日後、東アジアでは日中戦争が始まった。日中戦争のきっかけは北京郊外の盧溝橋付近での日華両軍の衝突事件である(盧溝橋事件　一九三七年七月七日)。七月一一日には近衛文麿内閣が華北への派兵を声明し、事件は拡大の一途をたどり、日中の全面戦争に発展した。一二日、海軍軍令部が策定した作戦計画では、戦争が華北以外に拡大した場合には、「空襲部隊のおおむね一斉なる急襲」によって作戦行動を開始することが計画されていた。都市爆撃の目標としてあげられたのは杭州、南昌、南京であるが、首都南京への空爆が早くもこの段階で計画されていた(笠原十九司『日中全面戦争と海軍』青木書店、一九九七年)。

すでに日本陸軍は、一九三一年の満州事変のときに錦州爆撃を行っていた。同年一〇月八日、二五キロ小型爆弾七五発を投下したが、被害は軽微であった。しかし第一次大戦以来最初の都市爆撃として喧伝されたために、世界に衝撃を与え、国際連盟の対日態度も硬化し、日本の連盟脱退の遠因ともなった。

日中戦争では都市爆撃の主役は海軍航空隊であった。盧溝橋事件後の八月には、戦火は上海に飛び火し、本格的な戦闘となった。一五日、近衛首相は「暴支よう懲(乱暴な中国を懲らしめる)」のため「断固たる措置」をとると声明、拡大方針を明らかにした。同時に海軍航空隊の新鋭九六式陸上攻撃機二〇機が台湾、長崎の基地から海を越えて南京を爆撃した(渡洋爆撃)。南京空爆は一二月一三日の南京陥落の日まで繰り返された。日本の海軍関係者は「空襲回数三六回で飛行機の延べ機数は六〇〇機、投下爆弾は約三〇〇トン」(大西滝治郎海軍航空本部教育部長)とするが、実際には一〇〇回を超えた空爆が実施された。

八月二六日には南京駐在のアメリカ、イギリス、ドイツ、フランス、イタリア各国の外交代表が日本政府に爆撃の中止を求めた。宣戦布告をしていない国の首都を爆撃し、しかも「爆撃は、かかげられた軍事目標にもかかわらず、現実的には教育や財産の無差別の破壊、および民間人の死傷、苦痛、死につながっている」ことに抗議したのである。九月の国際連盟総会も南京爆撃を「無防備都市の空中爆撃の問題」として取り上げ、「かかる爆撃の結果として多数の子女を含む無辜《むこ》の人民に与えられたる生命の損失に対し深甚なる弔意を表し、世界を通じて恐怖と義憤との念を生ぜしめたるかかる行動に対してはなんらの弁明に余地なきことを宣言し、ここに右行動を厳粛に非難す」(外務省訳)と決議した。

抗戦意思の破壊が目的

南京爆撃はワルシャワ爆撃と同様に民衆の戦意を崩壊させ、早期降伏を誘発するための爆撃であった。そのことは、南京空襲部隊指揮官三竝貞三《みつなみていぞう》大佐が、空襲により「南京市内にある軍事政治経済のあらゆる機関を壊滅し、中央政府が真に屈服し、民衆が真に敗戦を確認するまでは攻撃の手を緩めざる考えなり」と訓示したことでも明らかであろう。また第二連合航空隊参謀も「爆撃は必ずしも目標に直撃するを要せず、敵の人心に恐慌を惹起せしむるを主眼とする」と同趣旨のことを述べている。

笠原十九司は戦闘詳報の検討により、中国との戦争のために特設された第二連合航空隊が中国での作戦を通じて焼夷弾の効用に着目したことを指摘している。同隊は大型通常爆弾により堅固な中国家屋を破壊し、次いで焼夷弾により火災を発生させた事例を挙げ、「将来戦いにおいて大都市大部落のごとき敵の重要拠点爆撃には第一に破壊し、次に焼夷しうる各種の爆弾を使用するの要あるをみとむ」と提言していた(笠原前出書)。

日本軍は南京以外にも中国の各地各都市を爆撃

表 2-2 抗日戦争中の日本軍の中国に対する空爆

年	回数	機数	投下爆弾数(焼夷弾)
1937	1,269	2,254	10,740
1938	2,335	12,512	36,124(13,623)
1939	2,603	14,138	58,412(1,762)
1940	2,069	12,767	47,566(2,552)
1941	1,858	12,211	43,308
1942	828	3,279	12,435
1943	664	3,543	12,349(1,293)
1944	917	2,071	16,652(614)
1945	49	131	3,718
総計	12,592	62,906	241,304(19,844)

出所:「抗戦期間敵機空襲損害統計表」国民政府航空委員会防空総監部作成

した。表2-2は、抗日戦争中の日本軍の中国に対する空爆の規模を示している。

空爆でどのくらいの人々が犠牲になったのだろうか。筆者の利用できた限りの資料データでは、二種類の数字が報告されている。

① 死者三三万六〇〇〇人、負傷者四二万六〇〇〇人(「全国空襲傷亡損失估計」韓啓桐編著『中国対日戦事損失之估計』中華書局、一九四六年)。

② 死者九万四五二二人、負傷者一一万四五〇六人、後方の各都市の被害で戦場およびその付近の損害は含まれていない(国民政府航空委員会防空総監部作成「抗戦期間敵機空襲損害統計表」、一九四四年。市・県単位で統一した「人命死傷調査票」を用いた戦時中の全国調査)。

どちらも戦時中または戦争直後の数字であるが、数少ないデータとして重要である。

対華戦略の転換と「政戦略爆撃」

南京陥落後、日本政府は国民政府に対して和平工作を行ったが、国民政府の抗戦決意が固いことを知ると、「国民政府を相手にせず」声明を出し、戦線をさらに拡大した。日本軍は一九三八年秋には広東、武漢を攻略したが、国民政府は首都を揚子江上流の重慶に移し、あくまでも抗戦をつづけた。しかしこのあたりが日本軍の戦力の限界であった。重慶の所在する四川省は地上作戦の圏外にあり、最前線から六〇〇キロかなたの臨時首都に対しては空からの作戦以外には選択肢はなく、日本軍の対華戦略は転換を迫られた。

新戦略は、日本軍がむしろ守勢に立ったことの自認であった。国民政府を切り崩す政治謀略工作と占領地域の確保(治安の確保、地域外への限定的な作戦)が重点となったが、それだけでは戦争は終結できない。そこで攻勢戦略として強調されたのが「政戦略的要地爆撃の強化」であった。政治的な戦略爆撃が地上作戦に代わる勝利獲得の決め手として期待された。

ここで日本軍の戦略爆撃に関する思想を振り返ってみたい。日中開戦直前の一九三六年に作成された陸軍航空本部『航空部隊用法』には「政略攻撃」の項があり、「政治、経済、産業を破壊し、またはその住民を空襲し、敵国民に多大の恐怖を与え、その継戦意思を挫折すること」と解説されている。国民経済の破壊とともに、空爆により住民がパニックを起こし、戦争終結を要求するというドゥーエ理論がとりいれられている。

戦略爆撃を適用する対象として想定されているのは、「主としてシベリア鉄道沿線要地、ルソン島の要衝」であり、対ソ戦と対米戦が主眼とされ、中国方面への適用は「腹案」にとどまっている。また戦略爆撃の使用機として、行動半径一二〇〇キロの超重爆撃機の研究開発が、この年に着手されたが、当時の日本の技術力、産業力では実現のメドが立たなかった。

一方、海軍では一九三七年七月、航空本部の意見パンフレットとして『航空軍備に関する研究』が関係者に配布された。起案者は、当時航空本部教育部長であり、のちに特攻作戦の発案者となる大西瀧治郎大佐であった。陸海軍の作戦への協力以外に戦略爆撃を実施する独自の戦力として空軍（純正空軍）の独立を説き、「純正空軍式航空兵力の用途は、陸方面においては、政略的見地より敵国政治経済の中枢都市を、また戦略的見地より軍需工業の中枢を、また航空戦術的見地より敵純正空軍基地を空襲する等、純正空軍独特の作戦を実施するほか、要する場合は敵陸軍の後方兵站線、重要施設、航空基地を攻撃し陸軍作戦に協同するにある」と述べ、「純正空軍式の戦備」の急速な整備を急務と説いた（戦史叢書『海軍航空概史』）。

ほぼ同じ時期に陸海軍から、期せずして戦略爆撃のための空軍の整備の必要が説かれた。おそらく、その背後に陸海軍を越えた、戦略爆撃論者の結束らしきものがあったことが推定できる。それは海軍大学教官（加来止男）と陸軍大学教官（青木喬）が共同で「独立空軍建設に関する意見書」（一九三六年五月、陸海軍大学長宛）をだし、「屈敵を目的とする準空軍として使用する」純正空軍制を具申したからである。

しかし海軍では、パンフレットは部内の統制を混乱させるとして、回収を命じられた。海軍の主流にとっての関心事が、海上決戦の中心である主力艦を戦艦とすべきか航空母艦とすべきかという時代錯誤的な論争にあったからであろう。陸軍は、ドイツが再軍備宣言（一九三五年）とともに空軍を再建したことやソ連の重爆がシベリア方面に出現したことに敏感に反応した。

日中戦争の行き詰まりにともなう政戦略爆撃への重点移動の結果は、大本営の新戦略となってあらわれた。一九三八年一二月二日、大本営は中支那派遣軍司令官に「主として中支那、北支那における航空進攻作戦に任じ、とくに敵の戦略および政略中枢を制圧擾乱するとともに、海軍と密接に協力」することを命じた(大陸命第二四一号)。同時にだされた指示(大陸指第三四五号)は、「好機に投じ戦力を集中してとくに敵の最高統帥および最高政治機関の捕捉撃滅につとむるを要す」として、軍・政府の最高中枢の撃滅を目的とするとともに毒ガス弾の使用を許可した。使用するときには市街地、とくに「第三国人」居住地域を避け、煙に混ぜてできるだけ隠し、痕跡を残さないよう注意するようにという但し書きがついていた。中国の戦争継続意思をくじくための無差別爆撃が許可されたのである。

新戦略の確定を受けて重慶、成都などへの奥地爆撃が強化されるが、陸軍の手持ち機ではまったく不足であったため、海軍航空隊に頼らなければならなかった。攻撃を重視した日本海軍は、艦上攻撃機だけでなく、陸上の基地から発進する航続力のある陸上攻撃機(爆撃機)を開発していた。海軍は陸軍の要請に応え、航空隊の主力を支那方面艦隊の指揮下に移し、第一・第二連合航空隊(司令部漢口)に配備していた。海軍きっての戦略爆撃論者大西瀧治郎は、一九三九年末に第二連合航空隊司令官に任じられ、奥地爆撃の強化に当たる。翌年四月一〇日付で各艦隊司令官などに配布された『海軍要務令(航空戦之部)』は、「要地攻撃」を「軍事政治経済の中枢機関、重要資源、主要交通線等敵国要地に対する空中攻撃」と定義している。作戦実施要領の骨子は、三七年に大西が起案し「怪文書」として没収されたパンフレットの内容そのままである。「要地攻撃」の最大目標として重慶爆撃が本格化するのは三九年五月からである。

重慶爆撃

嘉陵江と揚子江の合流点にある四川省の重慶は中国の歴史を通じて、交通・通商の要衝として発展してきた。一九三八年当時の人口は五〇万—一〇〇万人ほどで、約六〇〇キロ下流には四川への入り口とされた宜昌があった。日本軍は宜昌まで占領したが、三峡の険をへだてた重慶に遡上作戦を行うことは不可能であった。国民政府の重慶移駐が発表されたのは南京陥落の直前であったが、三八年一二月には蔣介石が軍事委員会とともにここに移り、重慶は文字通り抗戦中国の臨時首都となった。

国民政府の各機関、党、軍の重要機関、外国公館のみならず、大学などの教育機関も日本軍の占領から逃れて、四川省など「大後方」に移動した。それとともに城市の近代化も急速に進み、重慶は政治、軍事、文化の中心となっただけでなく、経済的にも抗戦中国で重要な地位を占めるようになった。抗戦中に日本軍の占領を避け、奥地に移った工鉱企業の三分の一が重慶に集まり、それを起爆力として工業地区が形成され「抗戦時期の中国の大後方でもっとも重要で集中し、各部門・種類のととのった唯一の総合的工業区になった」(周勇編『重慶抗戦史 一九

三一―一九四五』重慶出版社、二〇〇五年)。

したがって重慶は、あらゆる意味で中国の抗戦の中枢となった。一九四一年一二月、日本の真珠湾攻撃を機に太平洋戦争がはじまると、蔣介石が連合軍中国戦区総司令官に任命された。中国戦区には将来タイとインドシナが含まれる予定であり、総司令官の下に英米華三国の任命した参謀が置かれ、統合的な作戦指導が行われることとなった。これにより重慶は、連合国の対日戦遂行のうえでも大きな役割を果たす国際都市になった。

重慶市内の石段に並べられた市民の遺体
(1941年6月　写真提供＝共同通信社)

重慶爆撃は中国の抗戦にとっても、連合国の対日戦遂行にとっても重要な意義をもつ政治的爆撃であった。一九三八年二月一八日から四三年八月二三日まで五年半にわたり、二一六回の爆撃が繰り返し行われた。重慶とその周辺ばかりでなく四川省各地に対する奥地爆撃とも一体化して行われた。大爆撃という呼称はそのすべてを含む用語である。爆撃による死傷者は六万一三九〇人と推定されている。大爆撃が一般住民を標的とする無差別爆撃であったことは、すでに前田哲男らの研究によって明らかにされているので詳細はそれに譲りたい。

それでは重慶大爆撃は、果たしてどんな効果をあげたのであろうか。とくに一九四〇年に実施された一〇一号作戦は五月一八日に始まり九月四日まで、一一二日間七二回に及ぶ。四川省奥地に対する長期連続の空爆であった。そのうち重慶の市街地および工場地域に対する爆撃は、五月二六日から八月二三日まで九〇日間、攻撃日数三二日であった。しかもこの間、重慶の市街地をAからHまで八地区にわけ、各地区を順番に絨毯爆撃する徹底した爆撃が行われた。九月には漢口の基地からの零式艦上戦闘機（ゼロ戦）の護衛が付き、日本の制空権が確保されたなかで行われた。

しかし爆撃は、「継戦意思の挫折」という所期の目的を達成できないで失敗に終わった。一九四一年八月三〇日、第三飛行団長遠藤三郎少将は偵察機で重慶爆撃の状況を視察した。「その所見の総合結論は、重慶はいまだ死の町ではなく、中国のように文化の低い民族に対し爆撃だけで屈服させようとすることは無理である。航空撃滅戦のための奥地進攻は必要であるが、地上軍の攻撃をともなわぬ要地爆撃は戦争の勝敗に決を与ええない」という内容であった（防衛庁防衛研修所戦史室編『陸軍航空の軍備と運用』⑵）。遠藤は九月四日、重慶爆撃無用論を上申し、三日後に奥地攻撃は中止され、海軍航空隊は、やがて始まる太平洋戦争に備えることとなった。

空からの毒ガス戦、細菌戦

日本軍が南京攻略のため総攻撃を始める直前の一九三七年一一月三〇日付で、主力部隊である第一〇軍参謀長が陸軍次官に具申した。南京を急襲して奪えなかった場合には、「主として南京市街に対し徹底的に空爆時に「イペリット」および焼夷弾をもってする爆撃を約一週間連続的に実行し南京市街を廃墟たらしむ」べきだという意見である。イペリットは糜爛《びらん》性の毒ガスで、はなはだしいときには呼吸困難におちいり死にいたらせる。意見具申はさらに「本攻撃においては徹底的に毒ガスを使用することきわめて肝要」と述べ、そうすれば上海戦のように多大な犠牲を払わなくてすむだろうと述べている(第一〇軍参謀部第一課「第一〇軍作戦指導に関する参考資料　其二」)。

南京は二週間足らずで陥落したので、この計画が実行されなかったのは幸いであるが、日本軍は中国各地を爆撃し、さらに毒ガス戦、細菌戦を行った。毒ガスは主として地上戦闘で使われたが、空から毒剤爆弾を投下したり、毒剤を地上に撒布したケースも多い。不完全な統計であるが、国民党軍政部の作成した統計では、日本軍の化学攻撃方法が判明している一一八二回のうち七%、七九回が空からの化学戦である(紀学仁編、村田忠禧訳『中国戦線における毒ガス戦』大月書店、一九九六年)。

毒ガス弾投下を警戒して，防毒マスクをつけて行進する東京の女学生(1936年7月　写真提供＝共同通信社)

　本格的な細菌戦は一九四〇年九月以降、浙江省、湖南省などの諸都市を標的に実施され、ペスト菌を培養した蚤《のみ》を詰め込んだ特殊爆弾の投下がとくに有効とされた。四一年一一月にペスト蚤爆弾で攻撃された湖南省常徳では、五年にわたってペスト蚤からの感染、発病がみられた。戦争被害のうちでも生物兵器による伝染病の被害調査には、戦時下における人間の移動という要因一つをとっても交通、流通などの広域的考察が必要であり、人間関係の社会的解明が欠かせない(聶莉莉『中国民衆の戦争の記憶——日本軍による戦争の傷跡』明石書店、二〇〇六年)。

　常徳では一九九六年に民間の調査組織として「細菌戦受害調査委員会」がつくられた。七年に及ぶ調査の結果、二〇〇二年には七六四三人の死亡者を確定した。このうち常徳県城内の死者として把握されたのは三三四人であるが、それ以外の六〇〇人の死亡について記述した記録が別にあるので、一〇〇〇人前後と推定されている。この七六四三人の死者は、城内のほかに一三の県、七〇の郷鎮、四八六の村落に分布しているが、実際には被害の範囲はこれよりはるかに大きいと考えられている（陳致遠『一九四一年日軍常徳細菌戦対常徳城区和平居民的加害』戦争遺留問題中日関係国際学術研究会提出論文、北京、二〇〇四年九月）。

日本軍の実行した毒ガス戦、細菌戦の場合にも、ダブルスタンダードが存在した。明白に国際法違反の犯罪であったにもかかわらず、戦後の東京裁判（極東国際軍事裁判）は日本軍の毒ガス戦も細菌戦も裁かなかった。

最初の原爆が広島に投下された直後、中国の『新華日報』（一九四五年八月九日付）に「時評　原子爆弾に思う」が掲載された。『新華日報』は中国共産党が重慶で発行していた日刊紙である。「時評」は原爆が平和維持の有力な道具ともなれば、また侵略の武器ともなりうるとして、使用を国連の管理下に置くべきことを主張している。文中に次の一節があり、原爆投下の残虐性を批判している。

「科学者がこつこつと従事している仕事の成果がロケットとなり、大型爆弾となり、細菌弾となり、果ては原子爆弾となって一瞬の間に数多くの子ども、夫、父親を殺傷してしまうことは人民の心の中に恐るべき事実として映ずることは疑う余地もない。」（高橋碵一「資料紹介『新華日報』一九四五年八月九日　時評〝原子爆弾に思う〟」『歴史学研究』第三一五号）

重慶は五年半にわたり、日本軍による最大の空爆被害を受けた都市である。この地で発行された『新華日報』の「時評」には、地上にいて空爆被害を受ける人間の立場からの、現代科学への批判が述べられている。戦争と科学技術の発達の相関が人類史的立場から整理されているが、この時点で大量殺戮手段の進化を、大型爆弾→細菌爆弾→原子爆弾としてとらえていることに注目したい。

これまでの筆者の行論に即して戦略爆撃の進化のラインを描くとすれば、それは次のようになるだろう。モロッコ→エチオピア→常徳→重慶→広島である。このラインにより空爆の歴史を見直す必要があるのは、「文明世界」のダブルスタンダードが人道、人権、国際法の非「文明世界」への貫徹を構造的に阻み、植民地主義の遺産が現在でも空爆思想全体をむしばみ、「文明国」民の道徳意識、倫理観を曇らせているからである。

スウェーデンの歴史家スヴェン・リンドクヴィストは、「空爆の歴史の転換点は、ヨーロッパ人がはじめて自分の大陸で恐るべき破壊と大量殺戮を目撃したゲルニカではない。一九二〇年代にスペインがモロッコ人に対して行ったシェシャウェンの空爆であった。空から無防備の市民を皆殺しにすることは「タブー」とされてきたが、このときからヨーロッパの戦術家たちは、爆撃が一般住民の戦争遂行能力に何をなすかを完全に理解するようになった」(要約)と述べている。そして第二次大戦中に行われた有名な諸爆撃は、植民地から輸入された戦術の実行、「帝国主義的な人種殺害の所産」だとしている(Lindqvist 前出書)。

空爆に対する民衆の反応

前述したように(二二一―二三頁参照)、米陸軍航空隊戦術学校(ACTS)の作戦家たちは、一九三〇年代後半の空爆の戦訓からドゥーエのテーゼを疑い、空爆理論を修正した。日本軍の重慶爆撃の心理的影響を考察した台湾の研究者は、空爆のあと、恐怖についで憎しみの感情が生まれたとし、さらに多様な地域の民衆が同一の苦難を受けた結果として、「近代的国家観念」が生じた事実を指摘した。空爆により民衆は恐怖にさらされたが、それは戦意の崩壊に向かわず、抗戦力を強める方向に作用したのである(張瑞徳、湯川真樹江訳「抗日戦争期大爆撃の影響下における重慶市民の心理反応」『軍事史学』一七一、一七二号、二〇〇八年三月)。

スペイン内戦中の空爆を体験したバルセロナ大学のエミール・ミラは、空爆の結果としてバルセロナ市内に顕著な精神病理学的な不調は発生しなかったと指摘し、「住民の大部分は空爆のあいだ「正常な不安感」をもったが、精神病学的な配慮は必要でなかった」と説明した(ミラ「スペイン戦争中の精神病学的経験」*British Medical Journal*, January 1939)。

一般に英米の専門家はスペインと中国における空戦は、英独間のような大国戦争の戦訓にはならないとみなした。イギリスの統合情報委員会スペイン小委員会議長R・V・ゴッダードは、内戦中の一九三七年二月、反乱軍に招かれてスペインを視察した。彼は、スペイン東部のサグントの製鉄工場の爆撃について、次のようにも報告している。工場は繰り返し爆撃を受けたが、生産は低下しなかった。三〇〇〇人中一五〇人が死ぬという被害を受けたが、工員は「驚くほど元気」で脱走したのは二人だけであった。その原因は彼の考えでは「一〇日のうち九日がカンカン照りのスペインでは、陽気な気質の人々は悲観的に物事をみることはめったにないからに違いない。雨が多く陰気なシェフィールド〔イギリス鉄工業の中心都市〕であれば破壊された鉄鋼工場は非常に精神を阻喪させるだろうが、スペインではそうならなかった」(「スペインに関する一般報告」一九三八年三月一一日)。

日本軍の中国における空爆についてイギリス大使館付き武官ペリー空軍中佐は、空爆の多くは人口の密集した中心部に対する「大量無差別爆撃」であったが、むしろ中国人の反抗心を強めたと一九三八年に報告した。さらに報告を補強するものとして、ドイツのジャーナリスト(氏名不詳)の報道――「〔日本の空爆は〕数週間つづいたときでさえ、実質的には前線でも後方でも抗戦意思に影響をあたえることも、パニックをつくりだすこともなかった。たんに強い憎しみの感情を生み出し、間接的に防衛力に寄与しただけだ」(一九三八年九月一七日)という指摘を引用した。

興味深いのは、これらの報告に対するイギリス空軍省の示した反応である。空軍省は報告の結論を、まともには受け入れなかった。おそらく彼らがペリーの見方に同調したためであった。ペリーは、報告のなかで反抗心と見えたものは人種的特徴であるとし、「中国人は西洋民族にくらべより多く運命論者的でありおそらく想像力にも乏しい」と述べて、パニック効果を生みださなかったことを中国人の鈍感力のせいにする意見を主張していた（空軍省「中日戦争中の航空作戦」一九三八年一一月）。

英空軍の場合には人種主義のフィルターが戦争の実像をゆがめ、ドゥーエ的な空爆観の克服を妨げ温存させる結果となった。日本軍の場合にも、前述のように重慶爆撃を無用とした遠藤三郎のような人でさえ、中国人が爆撃に屈服しなかった理由を、民族的な「文化の低さ」に求めており、民族的偏見が戦略爆撃に対する批判の目を曇らせていた。

第三章 総力戦の主役は空戦
——骨抜きにされた軍事目標主義

「英空軍はナチス産業の中枢を叩いている」1943年8月までに空爆したドイツの都市名と空爆回数を示すポスター

出所：Sven Lindqvist, *A History of Bombing*, The New Press, 2001

1　空爆に賭けられた戦争のゆくえ

よみがえる空爆の記憶

ドイツの週刊誌『シュピーゲル』は、二〇〇三年初めに「空爆」特集を連載した。見出しは「地獄も、かくやと思われた」であった。つづけて「今年の夏には、連合軍のドイツ市民に対する空爆の六〇周年がめぐってくる。連合軍の地域爆撃は六〇万人を死に追いやった。そのうち八万人が子どもだった」と述べて、あらためて空爆の問題を取り上げる理由を説明した。

第二次世界大戦の大きな特徴は、戦争における空爆の比重が大きくなったことである。しかしドイツ(西ドイツ)では、特定の空爆を除けば一般論以外には、連合国の空爆による被害に踏みこむことは長い間タブーであった。ドイツの作家ペーター・シュナイダーは「このトピックスをほとんどまったく避けていた理由は自明だ。戦後ドイツの批判的な作家たちは世界戦争の張本人のドイツ人を戦争犠牲者に含めて描くことは、道徳的、美的に不可能と考えたのだ。ドイツの作家や歴史家が、これまでタブーであったトピックスにやっと取り組み始めたのは、三年前からである」と説明している(*New York Times*, January 18, 2003)。

新しい世紀を迎えたドイツではテレビのドキュメンタリーや新聞の特集など、さまざまな形で空爆がトピックスに取り上げられた。口火を切ったのは、W・G・ゼーバルトの『空戦と文学』(*Luftkrieg und Literatur*)であった。散逸した日記、目撃者の証言、新聞記事、断片的な報告や文章などから、戦争末期にドイツの諸都市を襲った戦火のあらしを生々しく描いた。

ゼーバルトにつづいたのは、軍事史家イェルク・フリードリヒの『劫火』(*Der Brand*)であった。ドイツの都市に対する連合軍の絨毯爆撃(地域爆撃)について、被害者であった民衆の視点から精細にいきいきと描き、数週間でベストセラーになった。ドイツの都市に対する戦略爆撃は数十万人の市民の命を奪いながら、ナチス・ドイツに対する連合国の勝利をめだつほど早めなかったし、道徳的にも正当化できないというのがこの本の主張である。

『劫火』は内外で大きな反響を引き起こした。イギリスの新聞『デイリー・テレグラフ』は「ドイツ人はチャーチル(戦時首相)を戦犯呼ばわりした」という大見出しを掲げて反発した。「チャーチルが戦争犯罪をおかしたとしても戦勝国が告発しなかった以上、法的な意味で戦犯であるわけがない」。このコメントは戦犯裁判の「勝者の裁き」としての限界を指摘することで、自らの責任を回避したようにも思える。

『シュピーゲル』の空爆特集でフリードリヒは、チャーチル首相を戦犯呼ばわりなどしていないとしたうえで、重要な問題を指摘した。それはテロに対する戦争をテロ攻撃で遂行することが許されるのか、そのような状況のもとでは女性、老人、子どもを殺してもよいのか、その場合には、いわゆる付随的損害が戦争犯罪に値するのではないかという問題である。「一九四三年の爆撃をふりかえると、アメリカの〔イラクに対する〕戦争計画や、ロシアのチェチェンの首都グローズヌィ爆撃をめぐる論争と、まったく似た問題が提起される」。

ドイツの降伏によってヨーロッパの大戦が終わるのは一九四五年五月である。このときまでに一六一以上のドイツの都市が空爆を受け、六〇万人の非戦闘員が死んだ（表3-1）。最初の大規模都市空爆の犠牲となったハンブルクでは、六〇周年目の二〇〇三年に空爆記念碑が建てられた。また翌年一一月初めにベルリンを訪問したエリザベス英女王が、沸き上がるドレスデン爆撃謝罪要求に対し、戦没者慰霊碑に献花して和解をはかる一幕もあった。六〇年経って初めて、被災都市の多くで記念行事が行われ、空爆の記憶がよみがえった。

戦争直後に、ドイツを対象とする連合軍の戦略爆撃の効果を調べた、イギリスの戦略爆撃調査団（BBSU）の報告書は「ドイツに対する攻撃がドイツ市民の戦意の喪失を狙ったとすれば、その限りでは失敗であった。ドイツの基本的戦時生産を低下させるどころか、軍需生産のいちじるしい増加をくいとめることができなかった」として、戦略爆撃の効果を否定した（*The Strategic Air War against Germany, 1939-1945*, Air Ministry, 1946）。六〇年後のドイツ人（フリードリヒ）も独自に真相を調べ、ほぼ同様な結論に達した。世界は「敵味方」の視点を越えて戦略爆撃の問題を相対化できる地点にようやく到達することができたといえよう。ここを出発点とし、被害を受けた民衆の立場から空爆の問題を考え、普遍的な認識を発展させてゆくことがわれわれの課題となった。

マニュアル化した「空戦規則」

二〇世紀の戦争は、国のすべてをあげた総力戦であった。戦争の死者のうち民間人の割合は第一次世界大戦では六％であったが、第二次大戦までに六〇％に達した。飛行機と空爆テクノロジーの発達により、戦線から遠く離れた後方でも国民の生活は安全ではなくなった。

第一次世界大戦での飛行機の使用は、第二次大戦にくらべれば小規模なものであったが、空爆の規制については、それまでの陸戦・海戦に関する国際法(「ハーグ陸戦法規と慣例」条約、「海軍力の砲撃に関する条約」など)の類推適用で間に合わせた感があり、法の不備が痛感された。戦後まもなく開かれたワシントン会議(一九二一—二三年)は、戦争法規の改正について法律家委員会を設置、審議した。各国の専門家を集めたハーグ法律家委員会で一九二三年に「空戦規則」案がつくられた。空戦規則案は条約化されなかったので実定法とは言えない。

表3-1 空爆によるドイツ主要都市の死者数

ハンブルク	42,000
ドレスデン	35,000-45,000
ベルリン	49,000
ケルン	20,000
フォルツハイム	20,000
マグデブルク	15,000
カッセル	13,000
ダルムシュタット	12,300
ハイルブロン	7,500
ミュンヘン	6,300

注：数字は『シュピーゲル』「空襲」特集号による

しかし、のちに述べるように、第二次大戦勃発当時、空戦規則案は各国の空戦規範ないし指針として機能していたので、慣習国際法(「空戦に関する規則」)として定着したとみることができる。

ここで空戦規則案(以下「空戦規則」)のうちから爆撃に関する規定を抜き出してみよう。

「空戦に関する規則」(一九二三年)

第二二条　普通人民を威嚇し、軍事的性質を有しない私有財産を破壊もしくは毀損し、または非戦闘員を損傷することを目的とする空中爆撃は禁止する。

第二四条　①空中爆撃は軍事的目標、すなわち、その破壊または毀損が明らかに軍事的利益を交戦者に与えるような目標に対しておこなわれた場合にかぎり、適法とする。

②右の爆撃は、もっぱら次の目標、すなわち軍隊、軍事工作物、軍事建設物又は軍事貯蔵所、兵器弾薬又は明らかに軍需品の製造に従事する工場であって重要で公知の中枢を構成するもの、軍事上の目的に使用される交通又は運輸線に対して行われた場合に限り、適法とする。

③陸上軍隊の作戦行動の直近地域ではない都市、町村、住宅又は建物の爆撃は、禁止する。第二項に掲げた目標が普通人民に対して無差別の爆撃をなすのでなければ爆撃することができない位置にある場合には、航空機は、爆撃を避止することが必要である。

④陸上軍隊の作戦行動の直近地域においては、都市、町村、住宅又は建物の爆撃は、兵力の集中が重大であって、爆撃により普通人民に与える危険を考慮してもなお爆撃を正当化するのに充分であると推定する理由がある場合に限り、適法とする。

⑤交戦国は、その士官又は軍隊がこの条の規定に違反したことによって生じた身体又は財産に対する損害につき、賠償金を支払う責任がある。

「空戦規則」は、一般住民に対する空爆を禁止したことが大きな特徴である。また爆撃の対象を軍事目標に限る軍事目標主義を採用したことも重要である。さらに従来の無防守都市、防守都市の区別を明確にし、地上軍の作戦地域に対する「直近」か否かにより「防守」「無防守」を区別した(第二四条三、四項)。「地上部隊の作戦地域内または付近の直近地域にあり、敵の占領企図にたいして防守されている「町や村の破壊は一般には陸戦の適法な一部として正当化される」が、それは敵の到着前に一般住民が避難して身を守ることができるからである。実際、彼らは自発的にか、自国の軍司令官の命令によるかして避難するので、もはや爆撃の結果に身をさらすことはないだろう」(James W. Garner, Proposed Rules for The Regulations of Aerial Warfare, *American Journal of International Law*. Vol. 18, 1924)。

しかし地上部隊の作戦地域の直近ではなく、防守されていない都市では、「現実に戦争状態が存在するとはいえない。夜の暗闇のなか上空を飛ぶ飛行士が、技術的にも防衛されていない平和的な都市や村に無差別的に爆弾を投下し、罪のない女子どもを殺したとすれば、それは非戦闘員を満載した商船を無警告で魚雷攻撃すること——最近の条約が「海賊」という汚名で呼んでいる行為——と同様弁護の余地はない」(Garner 前出書)。直近でない都市でも軍事目標は爆撃できるが、それが人民に対する無差別爆撃を必然的にともなう場合には爆撃を「避止」しなければならない。

「空戦規則」の規定を前提とすれば、たとえば重慶は日本陸軍の作戦地域の限界であった宜昌から三峡の険をへだてて直線で約六〇〇キロ以上離れた揚子江上流にあった。「直近でない地域」として爆撃は禁止されるし、軍事目標が「普通人民に対し無差別の爆撃をなすのでなければ、爆撃することができない位置にある場合には」爆撃を「避止」する必要があった。

第二次世界大戦勃発当時、「空戦規則」は各国で「空戦規則ないし指針《マニュアル》」として機能していた。ドイツ空軍のゲルニカ爆撃や、南京などの中国都市に対する日本軍の空爆が問題となった一九三八年九月三〇日には、国際連盟総会が「戦時における空爆からの文民の保護」を決議した。「①一般住民を故意に攻撃することは違法である。②空爆の標的は合法的な軍事目標で、しかも空中から確認できるものでなければならない。③正当なる軍事的事物に対する攻撃は、その付近の平和的人民が過失によって爆撃を受けないように行わなければならず、化学ないし細菌戦術は国際法に違反する」など「空戦規則」の軍事目標主義に沿った内容であった。

大戦前夜の三九年九月一日、アメリカ大統領ルーズベルトは各国政府に対し「各所の戦争行為において、防守されていない人口中枢地の一般市民に対する空中からの苛酷な爆撃が数千の婦女子を殺傷し、人類の良心に深い衝動を与えている」ことを指摘し、相互に戦争法規を守り「平和的人民または無防備都市への空中爆撃を行わないとの決定」を確認するように求めた。

これに対しイギリス政府は「すべての敵国によって同様な規則が正しく守られるとの了解のもとにかかる行為を抑制し、爆撃を厳密な軍事目標に限るべきことが政府の既定方針である」と回答した。さらに開戦当日（九月三日）には英仏両政府は共同声明で「両国政府は、各軍司令官に対し、空中よりなすと、海上よりなすと、また地上砲火をもってなすとを問わず、攻撃目標は軍事目標に限るべき旨の明確な訓令をすでに発している」と発表した。ドイツでさえ九月一日のヒトラーの議会演説、および米大統領宛回答で、空爆の目標を軍事目標に限るべきことを約束した（城戸又彦「第二次世界大戦および戦後の国際法学説における軍事目標主義」『国際法外交雑誌』第五七巻第五号）。

日本の空戦マニュアル

日本の場合にも、空戦マニュアルでは軍事目標主義を採用した。海軍航空隊は、日中戦争が始まると「空戦に関する標準」（一九三七年七月）、「爆撃規則に関する雑件」（九月）を管下全部隊に通達した。攻撃目標を「もっとも公正な軍事目標に限定」し、軍事目標であることがはっきりしていても、「これを攻撃すれば一般民衆に重大な損害を及ぼす恐れがある場合およびその確認が困難な場合」には、攻撃を差し控えるなど「空戦規則」に準拠した内容であった（源田實「宣誓供述書 爆撃に関する根本方針」一九四七年五月二日付、東京裁判却下・未提出資料）。

当時海軍大学校の国際法担当教官であった榎本重治は、日中戦争中「我が海軍は航空隊の行動の基準を定めるにあたり、この（一九二三年の）空戦法規を主たる参考資料とし、さらに「戦時海軍力をもってする砲撃に関する条約」（一九〇七年）等の趣旨を参酌して行動を律することにしたのである」と述べている（榎本重治「国際法より見たる海軍航空隊の行動」『外交時報』昭和一三年九月一五日号）。「空戦規則」が実質的には空戦（爆）の規範とされたことは明らかである。

日中戦争が本格化してからの南京・広東爆撃についても、軍事目標主義の遵守が戦時宣伝の重要なアイテムであった。一例として、南京爆撃の最中の一九三七年九月二九日の外務省情報部長談話をひいてみよう。談話は「わが軍空爆の目標がけっして非戦闘員に対するものでなくただ支那《ママ》軍および軍事施設にとどまることはわが政府のしばしば声明したところ」であるとし、さらに「日本は一九二二《ママ》年ハーグ会議（前記法律家委員会）の際米国とともに空爆目標の制限を主張したが英仏の主張により右主張は不成立に終わった」ことにまで言及して、日本がいかに軍事目標主義遵守の優等生であるかを誇示していた。

しかし同時に「事ここにいたっては、わが陸海軍は一切の機会をとらえて敵の戦闘力を破壊する必要があり」、あるいは「今日の情勢となっては、わが国は断固として敵の戦闘力を撃滅する一切の必要措置を取るもの」などとして、「一切の敵の戦闘力の破壊」を空爆目的にかかげ、軍事目標主義からの逸脱ないし転換をほのめかしていることも見逃せない。

おそらくこのあたりから軍事目標主義とならび、すべての敵戦闘力（民衆の抗戦意思をふくむ）の破壊が空戦戦略の重要な要因となり、南京と、とくに武漢の占領を契機にさらにこの要因が肥大化し、「敵の戦略および政略中枢を制圧擾乱する」（一九三八年一二月二日、大陸命第二四一号）奥地航空作戦に発展してゆくように思われる（五七頁参照）。第二次大戦では、各国は当初、軍事目標主義を掲げながら、大戦の現実のなかで、地域爆撃に象徴されるような無差別爆撃への傾斜を強め、一般住民を大量殺傷した。軍事目標主義は、日本政府にとって宣伝政策の要であったが、空襲を規制するために有効に作用したとはいえない。

日本だけでなく、だいたい一九四〇年春ころまで各国は、主義としては軍事目標以外の爆撃について抑制的な態度を公表していた。しかし戦争が進行するにつれて、各国ともに軍事目標主義を骨抜きして、実質的に無差別爆撃を意味する地域爆撃に傾斜してゆく。

イギリス空軍と軍事目標主義

ヨーロッパで第二次大戦が始まった翌日、一九三九年九月四日、二九機のイギリス爆撃機が北海沿岸のドイツの軍港を爆撃した。ドイツの巡洋艦と小型戦艦に数発の爆弾が命中したが、不発に終わり、軽い損傷を与えただけであった。九機が撃墜されたイギリス空軍(RAF)の被害のほうが大きかった。しかし翌日の『デイリー・エクスプレス』紙は、「英空軍、二隻の戦艦を爆撃。数発はキール運河を直撃。空中戦で若干の被害」とセンセーショナルに戦果を報じた。

イギリス空軍がドイツの戦艦を空爆したという報道は、読者を有頂天にさせた。島国であるイギリス国民が最も脅威を感じていたのが、ドイツ海軍の英本土来攻であった。ただちにこの爆撃を描いた映画『ライオンは翼を持つ』がつくられた。映画で強調されたのは、軍事目標を正確に攻撃できる優秀なRAFの爆撃能力であり、また本土防衛の任務をたくすにたる頼もしいRAFの存在であった。RAFはけっして無差別爆撃を行わない、爆撃したのは無防守都市ではなく、厳重に防備された軍港だと解説者は観客に語りかけた。

しかし形成期のRAFにもっとも影響を与えたヒュー・トレンチャードは、前述のように爆撃機論者であり、「戦意に対する爆撃の効果は物理的効果にくらべ二〇対一の割合でまさる」と信じていた。一九二九年に引退するまでに、空軍大学や航空士官学校の教育を通じて、彼の思想は空軍に浸透していた。戦争の始まるはるか前から「RAFは敵の人民、とくに労働者階級（戦意崩壊とパニックを起こしやすいと考えられた）に対する全面攻撃が劇的な結末をもたらすであろう」という認識が一般的となっていた（Mark Connelly, *Reaching for the Stars : A New History of Bomber Command in World War II*, I.B. Tauris Publishers, 2001）。

一九三六年に爆撃機集団（Bomber Command）がつくられた。当時作成された英空軍省の対独作戦計画（*The Western Air Plans*, 1937）は軍事目標主義を強調していた。軍事史家リチャード・デイビスは、現実の作戦計画がトレンチャードの思想と乖離していた理由を、大国間戦争の準備が整っていなかったイギリスが、ドイツの市民を攻撃した場合におけるドイツの強力な反撃を恐れていたからだと説明している。

確かに当時イギリス政府はドイツの要求の一部を認めつつ、戦争を回避しようとする宥和主義路線をとり、対独強硬論者であったチャーチルなどからきびしい批判を浴びていた。空爆についても首相チェンバレンは下院での質問に答え、国際法は市民の爆撃を禁止しているとしたうえ、軍事目標主義の厳守を公約した（一九三八年六月）。またジャーナリズムもファシズム諸国がスペインやエチオピア、中国で行いつつある無法な空爆に対比して、軍事目標主義の厳守を公約したイギリスの道義的優位性を強調し、世論もそれを受け入れた。

ポーランド戦のあと英空軍の作戦はドイツに対する大量の宣伝ビラ投下と、北海にあるドイツ海軍施設と艦船に対する攻撃であった。後者は白昼行われたが、損害も多かった。とくに一二月には出動した重爆撃機の半分が、ドイツの新鋭戦闘機メッサーシュミット109により撃墜され、英空軍の弱点が露呈された。このあとイギリスは夜間爆撃に切り替えるが、軍事目標に到達する航法や爆撃の精度、乗員の訓練その他問題が多く、効果が上がらなかった。

地域爆撃への移行

ヨーロッパの戦局が動き出すのは、ドイツが西欧作戦を開始した一九四〇年五月からである。翌月、フランスが降伏すると英本土上陸作戦が日程にのぼった。この間、イギリスに衝撃を与えたのは、五月一四日のドイツ空軍によるロッテルダム爆撃である。ロッテルダムはヨーロッパ有数の貿易港で、オランダ第二の都市であった。約一〇〇機のハインケル111爆撃機による爆撃は、降伏を促進する目的で行われた。投下された爆弾と焼夷弾とで市の中心部は壊滅した。守備軍は二時間後に降伏したが、すでに市民の死者は九〇〇人に達していた。

遠く離れたワルシャワと違い、ロッテルダムは英仏海峡をへだてた対岸の都市だったので、イギリスの世論は敏感に反応した。憤激した世論に押され五月一五日、イギリス政府は、初めてドイツ最大の工業地帯、ルール地方の爆撃を許可した。公式には製油工場、鋳鉄所、輸送拠点などが目標とされたが、一般住民が死傷しても問題にしないという暗黙の了解があった。同日夜、九九機の爆撃機によるルール爆撃が行われた。ルール爆撃は英空軍による大陸に対する反攻の開始であるとともに、はやくも軍事目標主義から地域爆撃への傾斜が始まった。

フランス降伏の時点でイタリアが参戦し、西欧はほぼヒトラーの支配下に入った。ヒトラーは、九月一五日に英本土上陸作戦を始めることを決定し、まず制空権を確保するため八月一〇日、「ブリテン(イギリス)の戦い」と呼ばれる本格的な英本土空襲を始めた。

飛行場などの空軍施設や航空機工場が目標であったが、八月二四日夜、ドイツの爆撃機隊があやまってロンドン上空で未使用の爆弾を捨てた。誤爆であったが、イギリス側ではこれを本格的な首都爆撃の開始とみた。すでにイギリスの首相は対独強硬論者のチャーチルにかわっていた。チャーチルは、ただちに爆撃機集団に報復を命じた。八一機の爆撃機が集められ、翌日夜、ベルリンを爆撃した。ベルリン市民の戦意の低下が伝えられると、空軍は天候などの条件が許す限り、爆撃をつづけることに決めた。表向きの目標は電力とガス供給などのインフラであったが、空軍参謀は「攻撃の主目的は、当該地域の産業活動と一般住民双方にできうる限り最大の動揺と混乱を与えることにある」と指令した。

一九四〇年秋には、イギリス政府、軍内部で軍事的、経済的目標に対する精密爆撃か、あるいは労働者の戦意と愛国主義を挫き、より効果的にドイツ経済をかく乱するため、労働者地区を攻撃すべきか、激しい論争がつづいた。妥協の結果、爆撃機集団は「高性能爆弾と焼夷弾とで住宅地域内の正確な目標」を爆撃すると決定した(一〇月三〇日)。「正確な」という言葉で無差別爆撃ではないというニュアンスを示し、住宅地域内の石油関連施設を目標にあげた。しかし正確に石油関連施設が視認できないときには、住民の戦意を狙うテロ爆撃を許した。事実上、軍事目標に対する精密爆撃の放棄と、明白な地域爆撃または絨毯爆撃への移行がはっきり示された。

命令を具体化するためのテロ爆撃の実験が、一二月一六日、南西ドイツの工業都市マンハイムに対して行われた。「先導機は、大量火災をひきおこすために焼夷弾を使用、ついで爆撃機からなる出撃機は防火隊の消火作業を妨害しあらゆる手段で延焼をたすけるために、火災地域めがけて大規模な攻撃を集中すべきである」(公式命令、大意)として、市街地の焼き払いが明確に意図されていた。事実、マンハイムの中心地域の建物五〇〇が崩壊した。一九四一年一月からは、ドイツの大都市の「工業中心地」を目標とすることが慣行と化し、マンハイムをモデルとした空爆がベルリンはじめ各都市を巻き込んでゆく。

報復のエスカレーション

ヒトラーも九月七日以降、「ブリッツ作戦」という意図的な都市無差別爆撃戦術を採用し、ロンドンを中心に、コベントリーなど、イギリスの都市を爆撃した。とくに一九四〇年一一月一四日のコベントリー爆撃では、市民五〇〇人が死に二万戸の家屋が破壊されたが、そのことがむしろイギリスの報復的世論をいっそう高めてゆく。

この間に目立ったのは、世論の動きと同時にチャーチル新首相のイニシアチブである。前首相チェンバレンが開戦後もドイツとの和平をうかがい、戦争遂行に消極的であったのに対し、対独抗戦論者であったチャーチルは、しばしば空襲の廃墟に立って市民を激励したのでイギリス国民の抗戦意欲はむしろ高まっていった。

ロンドン空襲が市民のモラルにどのような影響をあたえたかを検証した松村高夫は、「空襲から最初の一週間がたつと、市民は困難な状況に驚くほど適応性を発揮した」と述べ、空襲に関する社会調査の「空襲の初期を除けば概して地域において指導がかけている状況のもとでも、イギリス人は兵士や指導者を支持した」という所見を紹介している(松村高夫「ロンドン空襲の経験と記憶」『歴史評論』二〇〇一年八月号)。

「ブリテンの戦い」で、ドイツが意図的にイギリス諸都市を爆撃したことは、さらに市民の敵愾心《てきがいしん》をかきたて、メディアもドイツへの報復を呼号するようになった。たとえば『デイリー・ミラー』(一九四〇年九月一二日付)は「爆弾には爆弾を」と主張し、「爆撃機の発明は騎士道を永遠に無用にした。今や「報復か屈服か」だ」と主張した。対ソ開戦直前の翌年五月、ドイツが英本土爆撃の終結を宣言するまでに、ロンドンでは五万トン以上の高性能爆弾と焼夷弾により四万五〇〇〇の市民が死に、三五〇万以上の家が破壊または重大な損傷を受けた。

フランス降伏後の七月、チャーチルは航空生産相ビーバブルックに宛てて、爆撃機の急速な増強を促した。「われわれは、大陸でドイツの軍事力にうちかつことのできる陸軍をもっていない。しかし、ただひとつドイツ軍を後退させ打倒できることがある。それは英本土から重爆撃機によりナチス本国にくわえられる壊滅的な攻撃である。われわれはこの方法によりヒトラーに圧勝できるし、それなしには活路はない」。

手紙は、チャーチルが対独戦勝利のための唯一可能な軍事手段として、空爆を考えていたことを物語っている。空軍はチャーチルにとって、戦争の行方を左右する戦略兵器となった。

九月一五日に予定されたドイツ軍の英本土上陸作戦は中止され、かわって一二月には対ソ戦準備を命じる「バルバロッサ作戦」命令が出された。この間、ドイツにとって対英戦の主戦場は海と空――Uボートによる通商破壊戦と空爆に移った。こうしてフランス降伏後、英独双方にとって空での戦いが主要な戦争方法となり、軍事目標主義は事実上放棄され、地域爆撃という名前で無差別爆撃、とくに産業施設と住民の戦意崩壊をねらうテロ爆撃が主流になった。

2　勝利のカギとしてのドイツ都市破壊

「ブッチャー・ハリス」の登場

一九四一年八月、イギリス軍の空爆の効果を調査したバット・レポートが公表された。爆撃の精度を調べたものであるが、内閣官房の一員、ダニエル・バットは爆撃前と後との偵察写真数百枚の比較検討により、爆撃機の多くが目標を発見できなかったことを明らかにした。条件のよい月夜でも目標を発見できたのは四〇％、月がないときには一五機中わずか一機にすぎなかった。目標に到達できた爆撃機でも、目標の八キロ以内に爆弾を投下できたのは、わずか三分の一と総括された。惨憺《さんたん》たる報告にチャーチルは落胆をかくせなかったが、空軍はチャーチルをなだめる一方、精度の問題に比較的わずらわされない地域爆撃の強化を進言した。

すでに七月、空軍参謀本部は「ドイツの輸送システムのかく乱」と「一般住民全体、とくに工業労働者の戦意を崩壊させること」に集中することを爆撃機集団に命じていたが、さらに九月には、ドイツの大都市四五市に対する「コベントリースタイル」の爆撃プランを提出した。「もし四〇〇〇機の爆撃機隊がつくられ、このやりかたで出撃するならば戦争は六ヵ月以内に終わるだろう」(Connelly 前出書)。四二年夏、ドイツ国内に投下された英軍のパンフレットの一節には次の宣伝文句が書き込まれていた。

「われわれはドイツを爆撃しつつある。都市から都市を、さらにひどく。それはあなた達に戦争をやめさせるためだ。それがわれわれの目的だし、われわれに悔いはない。都市から都市を――リューベック、ロストック、コローニュ〔ケルン〕、エムデン、ブレーメン、ウィルヘルムスハーフェン、デュイスブルク、ハンブルク――リストはもっと長くなるだろう。昼も夜もわれわれは出撃するだろう。帝国《ライヒ》のどこも安全ではない。〔工場で〕働く人々はあなたの近所に住む。だからわれわれはあなたの家を、あなたを直撃する。」（抄）

都市、とくに労働者居住地域を直撃する爆撃で民衆の戦意を喪失させることが、空爆の目的として率直に語られている。一九四二年二月二〇日、爆撃機集団司令官に就任したアーサー・ハリス元帥の考え方にほぼ沿った内容であることに間違いない。彼の就任前の一一日、空軍参謀部は、「いまや作戦の主目標は、敵の非戦闘員、とくに工場労働者の戦意に集中されるべきである」としている。

この時期には「敵都市の物理的破壊が勝利のカギ」だという思想は、ハリスだけでなくイギリスの空軍関係者の多くに共有されていた。空軍参謀部は新方針を実験するためにまず北ドイツのリューベックを選んだ。リューベックは中世のハンザ同盟時代から栄えた港町で燃えやすい木造建築が密集していた。焼夷弾を中心とする都市破壊爆撃の実験のために、最適の目標と見られたのである。三月二八―二九日、二三四機がイギリスを飛び立った。到着できたのは一九一機であったが、高性能爆弾と焼夷弾三〇〇トン（比率は半々）が投下され、一〇〇〇人が死んだ。四月には別のハンザ同盟都市ロストックが空爆され、町の建物の七〇%が灰となった。二つの歴史的都市の破壊に対する報復としてドイツ軍が行ったのが「ベデカー爆撃」として有名になる。ベデカーはフランスのミシュランとならぶ有名なドイツの旅行案内《ガイド》ブックであるが、あるドイツ軍人が「ベデカー旅行案内書で三ツ星がついているイギリスの建物を全部爆撃してやれ」といったことからこの名前がついた。カンタベリー、バース、ヨークなど、五つの歴史都市が爆撃され、五万の建物と重要な文化財が破壊された。

しかしハリスは、もっと野心的な空爆を計画していた。単一の都市に一時間半にわたり一〇〇〇機もの爆撃機をなだれこませ、都市防衛——対空砲火だけでなく消防や救護活動をも無力化し、爆弾と焼夷弾を集中して焼き払うというアイデアである。飛行機には容量の許す最大限の焼夷弾を積み、二四〇〇メートルの高度から落とす。発生する火災現場に後から駆けつける消防夫をその時点で殺傷するために遅発性の信管をつけた二キロ爆弾を混ぜておくなど、かつてのゲルニカやのちの東京に対する空爆手法に通じる発想が試みられた。

五月三〇日、一一〇〇機によるケルン（コローニュ）爆撃が行われた。九一五トンの焼夷弾と八四〇トンの爆弾が投下され、市街地六〇〇エーカーが焼き払われた。一万三〇〇〇の建物が崩壊し、四万五〇〇〇人の市民が焼け出されホームレスになった。

アメリカの参戦と軍事目標主義の公約

一九四一年一二月、日本の真珠湾攻撃を契機に、アメリカは日本とともにドイツ、イタリアにも宣戦を布告した。アメリカは、ヨーロッパとアジアの両面で世界戦争を戦うことになった。チャーチル首相が訪米し、ルーズベルト大統領との会談で、まず独伊との戦争を優先するヨーロッパ第一主義戦略を決定した。枢軸諸国の侵略に対抗する「連合国（United Nations）」の名称もこの会談で決定し、翌年一月、共通の戦争目的を公表した連合国宣言が出され、反ファシズム連合国が結成された。

一九四二年春には、アメリカ陸軍航空隊（USAAF）第八航空軍がイギリスに到着し、イギリスを基地とする第八爆撃機集団（以下第八空軍）が編制された。この段階ではアメリカはドイツの目標に対する選択爆撃（一一頁参照）を方針とした。かつて陸軍航空隊戦術学校（ACTS）の教官であったヘイウッド・ハンセルは当時AAFのヨーロッパ空軍作戦立案部長であったが、「敵の国民・産業・軍が依存する産業およびサービス組織のうちから慎重に選択した目標を破壊することにより、近代産業国家の意思と能力をくつがえし、崩壊させることが可能となる」と信じていた。AAF司令官ヘンリー（俗称ハップ）・アーノルドも四〇年には、軍事目標に対する高高度からの精密爆撃が空軍の方針だとし、「都市に対する焼夷弾の使用は軍事目標のみを攻撃するというわが国策に反する」と公言した。ヨーロッパでの大戦の開戦に際してルーズベルト大統領が同様の政策を示したことは、前に述べた（七七頁参照）。

米第八空軍の選択爆撃は、フランスのドイツ軍占領地域に対し行われた。空爆には新鋭のB17重爆撃機が使われた。数千フィート上空からピンポイントで目標を認識できるというノーデン照準鏡を装備していた。しかし、北フランスの気象状況や乗員の訓練不足のため、所期の効果を発揮できなかった。一九四三年一一月には、のちに述べるように、アーノルドもレーダーに頼る「無視界爆撃(blind bombing)」に切り替えざるをえなくなった。

ゴモラ作戦――ハンブルク爆撃

この間、ヨーロッパ大陸で枢軸軍の重圧を受け、東部戦線でひとり戦いを続けていたソ連は、英米が大陸に第二戦線をつくることを強く望んでいた。敵の主力が集中した北フランスに上陸し、ドイツの戦力を分散させることを期待したのである。

その結果、カサブランカで英米首脳会談（一九四三年一月一四―二四日）が開かれた。しかしイタリアへの上陸作戦が決まっただけで、北フランスでの第二戦線は実現せず、ソ連を強く失望させた。当分ソ連の抗戦を直接助ける唯一の軍事作戦としては、空からの戦いを強化する以外にはなかった。具体的には英米の合同作戦によりドイツ本土を爆撃すること、あらたに開発したB29重爆撃機により中国の基地から日本本土を爆撃することである（一〇八頁参照）。

英米の合同爆撃作戦を実施するためには、英米の爆撃手法の違いを解決する必要があった。すでに夜間爆撃による都市焼夷攻撃に転換していた英空軍は、アメリカを説得して都市の市街地に対する夜間地域爆撃に同調させようとしたが、米空軍は昼間精密爆撃にこだわった。英本土の基地からドイツ本土を空襲するためには航続距離の関係でB17爆撃機を使用しなければならなかった。もともとB17は白昼、精密に目標を爆撃するために開発された戦略爆撃機であった。処女飛行が行われた一九三五年は、陸軍航空隊の作戦家たちが選択的な精密爆撃を説いていたころである。

最終的には英空軍が夜間地域爆撃を行い、米空軍が昼間精密爆撃を実施することで決着した。最初の大規模合同作戦がハンブルクを目標とする「ゴモラ作戦」(一九四三年七月二四日－八月三日)であった。英空軍の「極秘作戦命令一七三号」には、「市の全面破壊は戦争の早期終結と勝利において重要な役割を演じることになるだろう」という一節があった。

米空軍が実施した昼間精密爆撃は造船所と工場がターゲットであったが、たった一割の破壊にとどまり、しかも二五日の空爆では一九機のB17が撃墜された。一方、イギリスの夜間爆撃は、ハンブルクの中心街アルトシュタット(旧市街)を直接ねらった。投下された爆弾の大部分は焼夷弾であった。焼夷弾は軽量であったが、マグネシウム、リン、ゼリー化した石油など高度に引火しやすい化学物質がつめこまれ、ひとつの容器に焼夷弾の束をつめこむクラスター焼夷弾が目標地域一帯にばらまかれた。
　高性能爆弾の一部は消防や救護、ガス・水道設備の復旧を妨害するため、数時間から時には数日後に爆発する遅発性の信管が取りつけられた。爆撃により市中心部に火の竜巻が発生し、数千の焼夷弾により発生した火事がそれに合流、その結果「一体化した巨大な炎」が密度を増しつつ発生する。そして上空の空気は高温となり、強力な吸引力をつくりだした。火災地域の外からは新鮮な空気が火災の核心部にすいこまれ、そのことが温度をさらに高め、火嵐の地域を拡大した。米空軍のコンサルタントであった全米消防協会の役員、ホレイショ・ボンドは爆撃の光景を次のように伝えている。ボンドはのちに日本に対する焼夷弾攻撃の研究に参加し、ドイツ空襲の際の知見を提供している。

「焼夷弾が発生させた火災はきわめて短時間に、とくに街の人口密集地域に広がり、数分間で全ブロックが火事となり、通りは炎のために通行できなくなった。温度は急速に高まり、台風並みの威力をすぐに発揮した。「台風」は最初は、火元に吸引されたが、後にはあらゆる方向に向かった。公園や広場では木々が倒され燃えるベンチが空中に打ち出された。あらゆる大きさの木が根こそぎになった。「火嵐」は家々のドアを破りその後、炎は玄関や廊下にしのびよった。「火嵐」は赤い雪の吹雪のように見え、熱は全市街ブロックを燃え立つ地獄に変えた。」
(Horatio Bond, *Fire and the Air War*, Boston, 1946)

爆撃による死者の大多数は一酸化炭素中毒、または窒息死であった。生きながら松明《たいまつ》となった者がいる一方で母親の腕から強風のために赤ん坊が引き剝がされ、火炎の中に放り出された。

ゴモラ作戦の犠牲となった女性と子ども
出所：A. C. Grayling, *Among the Dead Cities : The History and Moral Legacy of the WW II Bombing of Civilians in Germany and Japan*

「ゴモラ作戦」は約二一平方キロの市街地を焼き払った。四万二〇〇〇人の死者のうち半分が女性で、犠牲となった子ども、男性の多くも高齢者であった。三〇〇〇機以上が出動、九〇〇〇トン以上の爆弾を投下したが、アルミ箔《はく》をまいてドイツのレーダーをかく乱するなどにより爆撃機の損失は八六機と比較的軽かった。「ゴモラ」は旧約聖書にある悪徳の町であるが、この作戦により住民の生活空間全体を焼き払う非人道な地域爆撃（絨毯爆撃）の手法が完成した(Grayling 前出書)。悪徳はどちらの側にあったのだろうか。

3　戦争の終結と勝利を急ぐ戦意爆撃

「無視界爆撃」からクラリオン計画へ

カサブランカ会談後、米空軍(USAAF)は初めてドイツ本国を爆撃した。白昼の精密爆撃には多くの損害がともなった。とくに一〇月九―一四日にかけて、ドイツのボールベアリング工場をねらった精密爆撃では、二〇%の消耗率が記録され、この週は「暗い週(black week)」と呼ばれた。これがひとつの転機となった。

一九四三年一一月一日、アーノルド米陸軍航空隊司令官は、目視が困難ないし不可能な場合には、特定した目標が存在する地域全体をレーダー照準で爆撃する「無視界爆撃」を命じた。夜間あるいは悪天候で敵の戦闘機が活動できない時に行動可能な利点に注目したものであった。当時のレーダー照準の精度は低く、目標周辺の地域一帯に被害が広がることは避けがたかった。無視界爆撃の名による事実上の地域爆撃の許容は、この時期に爆弾搭載量が増加したこととならんでドイツの防空努力を無力化し、「軍事目標」に近接した住居地域を荒廃させることになった。四四年一〇月までにUSAAFのドイツに対する空爆の八〇%が無視界爆撃によった。

一九四三年九月にイタリアが降伏すると、米第一五空軍がつくられ、イタリアの基地から東欧や中南欧の目標を空爆した。ソ連軍の反攻が東中欧からドイツ本国に接近してきたことも、この地域に対する空爆の強化を必至とした。第一五空軍は四四年一月以降、ブルガリア、ルーマニアを爆撃したが、住民の居住地域の中心部をねらう地域爆撃が主流であった。ブルガリアの首都ソフィア空爆では、鉄道の操車場が目標とされたが、「爆弾が最も集中したのは操車場ではなく、ソフィアの中心部」であり、「アメリカの飛行士たちは、テロ戦術に見えないようにしながらバルカンの市民たちを恐怖《テロル》させようとした」(Schaffer 前出書)。

一九四四年六月六日に連合軍が北フランスのノルマンディー海岸に上陸し、待望の第二戦線が開けた。このあと連合軍は八月にパリを解放し、やがてライン川を越えてドイツ国内に攻めこむこととなる。ノルマンディー上陸の三日後、AAFはほとんど軍事的、工業的価値のないドイツの「無防備」ないし「未空襲」都市に、大量の高性能爆弾と焼夷弾を投下する計画を開始した。「住民に衝撃をひろげるために戦闘機の機銃掃射をも最大限に活用する」ことも指示された。

AAFは、非戦闘員に対する「不適切な」付随的損害をどんどん受け入れたばかりか、さらに進んで明白な「モラル(戦意)」の標的化を計画した。四四年秋以降、アメリカ軍は「老朽爆撃機計画(War-Weary Bomber Project)」を始めた。「数百台の老朽B17爆撃機に一〇トンの高性能爆弾を詰め込み、敵の目標に突っ込ませる。定められた進路に飛行機をセットしたあと、乗員はパラシュートで脱出し、自動飛行装置が無人機を目標に導く」計画であった(Schaffer 前出書)。

目標は「軍事的、産業的目標のある都市」とされたが、「軍事的、産業的目標」が付け加えられたのはテロ爆撃の非難をまぬかれるためであった。USAAFの司令官アーノルド将軍は「イギリスの夜間地域爆撃とわれわれの老朽機計画の採用とのあいだにはほとんど違いはない。無人機をドイツ中に飛びまわらせれば、どこで爆発するかわからないので、ドイツ人はひどくおびえるだろう。ドイツ人の戦意に対する心理的効果はきわめておおきい」と説明した。数回実験されたあと中止された。チャーチルは、優れたロケット技術(一九四四年秋からドイツが実戦にV1号、V2号を使った)をもつドイツの同種の報復を警戒したし、アメリカでも国防省の高官は、精度が極端に悪く公然たる無差別爆撃にみえることを問題にした。

明白に非戦闘員を標的にするものとして非難されたのが、アメリカ戦略航空軍の「クラリオン計画(Clarion Project)」である。戦略航空軍はヨーロッパに駐留するアメリカのいくつかの空軍部隊を統合したもので、総司令官はカール・スパーツ中将であった。ソ連赤軍の前進に呼応するため、四五年二月に行われた。正式名称は「輸送目標全力攻撃総計画(General Plan for Maximum Effort Attack against Transportation Targets)」であった。ドイツの輸送・交通システムをターゲットとし主要な操車場や鉄道橋などだけでなく、小さな交通施設まで破壊して、地上部隊の進撃を助けるため「手持ちの飛行機全部でドイツを全面的に痛めつける計画」(スパーツ中将より空軍担当国務長官補佐官ロベット宛、一九四四年一〇月一日付)であった。輸送関係の施設や人員を低空から機銃掃射し、爆撃するため、アメリカの戦闘機と爆撃機九〇〇〇機が小都市や村落を探し回る計画であった。

目標の多くは町の中にあるために、一般住民に多大の損害を与えることは必至であり、「副次的には」公衆の戦意の崩壊を加速し、それにより戦争の終結を早めることも目的とされた。「戦意を麻痺させる効果」が期待されたのである。

それだけでなく計画の支持者は、このような攻撃はドイツ人の戦意の低下ばかりでなく、ドイツの市民社会に未来の教訓——侵略戦争を企てる政府を支持するな——をも与える結果となることを期待した。このような懲罰的感情は、一九四四年八月、ルーズベルト大統領によっても語られていた。大統領は「われわれはドイツに対しタフでなければならない。私のいうのは、ナチスにではなくドイツ人に対してだ。われわれがドイツ人を去勢するか、過去の歩みを続けようとする人々を再生産できないように彼らを取り扱うかだ」と語った。

表面的には標的は輸送施設であるが、実際には非戦闘員が真の犠牲者であった。米第八空軍のアイラ・イーカー中将は、クラリオン計画がドイツ人から見れば「主として民間人に対する大規模攻撃であることは明白なので、われわれが野蛮人と思われる」かもしれないと憂慮した。

作戦の指揮を執るカール・スパーツ中将に対し「第二次世界大戦史において、戦略爆撃機を普通の市民に対し投入したことでわれわれが告発されることを許すわけにいかない」と述べて、爆撃の中止を求めた。

一九四五年二月二二—二三日、数千機のアメリカの戦闘機と爆撃機にイギリス空軍（ルール地方の石油関連施設のみを爆撃）も加わり、ドイツ、オーストリア、イタリア一帯の輸送施設など手当たりしだいの目標を爆撃し機銃掃射した。爆撃隊の指揮官は作戦前日、軍の新聞発表では軍事目標であることが強調されるはずなので、「本作戦が一般市民を目標とし、繰り返す、目標とし、または彼らに恐怖を与えることを意図したかの印象を与えることのないようにとくに注意されたい」と命じられた。実際はテロ爆撃でありながら、建前は合法的人道的爆撃として説明するダブルスタンダードがアメリカの広報の特徴であった。

終末期の空爆——恐怖の記憶

戦争の終末期、一九四五年一月二八日、英空軍（RAF）と米空軍（USAAF）の間に空爆目標に関する協定ができた。クラリオン計画へのイギリスの参加はこの協定の結果である。目標の優先順位は次のようにきめられた。「第一目標・石油、第二目標・ベルリン、ライプチッヒ、ドレスデン、および「付随する都市」、第三目標・交通（実際には輸送施設）、とくに東部（戦線）

への増援軍の移動に使用できるもの、第四目標・南ドイツのジェット機と交通」。

一見、軍事目標をねらっているが、実際には第一目標に対する昼間精密爆撃が無理と判断された場合には、ベルリンその他東部ドイツの第二目標が攻撃された。すなわち「可能なときには軍事的産業的目標を空爆する。しかし、天候がアメリカ軍の精密爆撃を邪魔するのであれば、実際に地域爆撃を行う」、いざとなれば「軍事目標を狙ったが、天候などの理由でやむをえず市街地を爆撃した」と説明できる工夫であった。地域爆撃論を主張するRAFと、精密爆撃にこだわるUSAAFの内部事情に配慮し、両方の顔を立てた苦肉の策ともいえよう。

前年八月、RAFが「雷鳴(thunderclap)」作戦を提案した。ドイツの中央政府が崩壊し連合国が国内の混沌とゲリラ的抵抗に直面するまえに、精神的ショックを与えて降伏においこむ作戦であった。八月二日付の文書「雷鳴作戦――ドイツ市民の戦意に対する攻撃」は、ベルリンの中心街を消滅するために全力を集中すべきだ、ねらいは戦意を崩壊させて平和を強い、廃墟のかたちで戦後のドイツ人のあいだに「全面侵略の結末」の記憶を刻みつけるためだと述べている。まさに、政治的懲罰的なテロ爆撃計画そのものである。数百万のドイツ人に空爆を目撃させ、消すことのできない記憶を植えつけるため、攻撃を真っ昼間に行う計画であった。

AAFの内部でさえ非人道的な計画に対する反発が強く、スパーツ在欧空軍司令官はヨーロッパ遠征軍司令官アイゼンハワーに宛て、軍事目標主義を放棄したくないので、特定の軍事目標に対する空爆だけに参加したいと雷鳴作戦への参加を限定する意向を伝えた。しかしアイゼンハワーは「私はこれまでいつもアメリカ戦略空軍は精密な目標を叩けと主張してきたが、現実に戦争を早く終わらせる見込みがあれば、何にでも参加する用意はいつももっている」と述べ、早期終戦のためならばテロ爆撃をも辞さない態度を示した。これを受けてスパーツは、第八空軍司令官ドゥーリトル将軍に「われわれはもはや限定された軍事目標をたたく計画をやめ、都市に無差別に爆弾を落とすことにする」と通告した。

しかし、ドゥーリトルはこの作戦――ドイツの対空砲の厚い弾幕を突破して軍事的価値のないベルリンを空爆する――に懐疑的であった。ベルリン市民は十分に警告を受けて防空壕に避難するだろうから、テロ爆撃としても成功はおぼつかない、それに歴史に名を残すであろう雷鳴作戦は、乗員が訓練され叩き込まれてきた精密爆撃の原則に違反すると主張した。最初の東京爆撃を指揮したドゥーリトルの反対意見は、多くの現場指揮官に共通した現実的な意見であった。ＡＡＦが工場、鉄道施設、政府省庁を目標に加えることとしたのは、これら下からの声に押された結果であった。

「ドレスデン爆撃」論争

一九四五年二月三日、九〇〇機以上のＢ17がベルリンを空爆した。随伴した戦闘機は輸送施設を機銃掃射した。爆撃手の何人かは雲の切れ間から目標を視認し、空軍省の建物やフリードリヒシュトラッセ駅などの軍事目標を爆撃したが、二万五〇〇〇人にのぼるおびただしい死者数が雄弁に物語るように全体としては無差別爆撃であった。

ベルリン爆撃の一〇日後、東ドイツのドレスデンが空襲された。ドレスデンは、ドイツ東部ザクセン州の州都であり、ルネサンス以来の文化遺産をほこる文化都市であった。一九四五年二月一三—一五日、連合国のはげしい空爆を受けたが、それはドイツ降伏の一二週ほど前であった。当時反攻に転じたソ連の赤軍が、ドイツ東部をめがけて進撃中であった。

爆撃はソ連軍の進撃に呼応して、ドイツ軍の背後を絶つ間接支援として説明されたが、大戦後の冷戦状況のなかでは、前進するソ連軍に連合軍の空爆の威力を誇示するための政治的爆撃だという主張もあらわれ、無差別爆撃の正当性をめぐる議論は現在でもつづいている。

RAFの評価では、工業建造物の二三%と、民家以外の一般建造物の五六%が重大な被害を受けた。七万八〇〇〇戸の家屋が完全に倒壊し、二万七〇〇〇人が住居を失った。当時、ソ連軍の進撃から逃れた大量の難民が市内に流入し、また付近には連合軍捕虜二万六〇〇〇人の収容所があって、これらの人々も空爆の犠牲となった。死傷者は現在では三万五〇〇〇から四万五〇〇〇人とされている。爆撃についての生存市民の証言がある。

「恐ろしいものを見た。焼かれた大人は小さい子どもの大きさにまで縮んだ。手足の破片、死んだ人、家族全部が焼け死んだ。火のついた人々が駆け回り、焼けた車は難民、死んだ救護の人、兵士でいっぱい。子どもや家族の名前を呼び捜し求めるものも多く、いたるところに火、火。火嵐の熱風が燃えている人々を炎上している家に押し戻し、人々はそれから何とか逃げようとしていた。」(Margaret Fryer)

ＲＡＦは夜間、主に焼夷弾で攻撃し、ＵＳＡＡＦは昼間、主に高性能爆弾で精密爆撃を行ったとされているが、アメリカの投下した爆弾の四〇％は焼夷弾で、これは米軍の実施した他の爆撃に比べるときわめて高率であった。

ドレスデン爆撃の数日後、ＡＰ通信の記者は「連合国の空軍指導者は、ドイツの大きな人口密集地にテロ攻撃を加えるという、長らく待望された決定をくだした。ヒトラーの没落を早めるためだ」と報じた。この記事は、軍事目標主義と精密爆撃を建前としていた米空軍（ＡＡＦ）の関係者を当惑させた。

ヨーロッパ遠征軍司令部は、米空軍はつねに軍事目標を攻撃してきたし、これからもそうするだろうと声明した。スティムソン陸軍長官も同趣旨の言明を公表した。しかし爆撃の結果を調査したアメリカ戦略空軍情報部長ジョージ・マクドナルド将軍はベルリン、ドレスデンとつづいた一連の爆撃を「殺人と破壊」政策と呼んで批判した(Biddle 前出書)。

「ベルリン、ライプチッヒ、ドレスデンの生産能力を失ってもドイツは生存できる。輸送の要衝としてのこれら都市の破壊は、敵の軍隊と供給の移動を遅らせるかもしれないが、強力に妨害することはできない。幻想的とまではいわないが、あいまいな目標である「戦意」では、ドイツの諸都市の抹殺を正当化できない。なぜなら戦意攻撃の目的は反乱をおこさせることであるが、彼らの支配者にたいし蜂起することに、ドイツの民衆は消極的あるいは無力のままだからである。ナチの支配はいまだに強力で、軍の作戦に重大な脅威となる市民の混乱——空爆が意図したような——を十分に統制できるほど強力である。」(大意)

ドゥーエへの回帰

それでは、ドイツとの戦争で米空軍が選択爆撃を捨てて、大量テロ爆撃に転換していった理由は何であろうか。ここでは必要と思われるいくつかの問題にかぎって考えてみたい。

第一に指摘されるのは米空軍の空戦思想におけるドゥーエ的要因である。前述のようにアメリカが世界戦争に参加する直前に作成されたグローバルな戦略爆撃計画「AWPD-1」にそれがよく表われている。第二次大戦は、第一次大戦以上に総力戦として戦われ、戦争遂行機構の中で、市民も軍隊におとらず重要な役割を果たした。時期によって優先度に違いがあるが、住民の戦意を破壊することが戦争遂行の不可欠な一部を崩壊させる要因と考えられた。

ＡＣＴＳの講義（一九三四年）で行われたニューヨークを目標としたシミュレーションでは、一七カ所の精密爆撃で市の機能が停止し、「きわめて精密な爆撃により莫大な破壊も大衆的な死傷もなしに目的を実現できる」と結論がでた。精密爆撃も、住民の戦意に間接的に影響を及ぼす手段として注目されたのであって、はじめからテロ爆撃と通底する側面があった。

第二は世論の力である。これまで述べてきたように、世論は次第に報復的な爆撃を支持し、求めた。しかし連合国側の世論を公的に導いたのは、「正義の戦争」（アメリカ）、「民衆の戦争」（イギリス）という戦争イデオロギーであった。大戦末期のドイツの東部都市に対する大量テロ爆撃がイデオロギー的な建て前と背馳したため、英米の軍指導者はむき出しの無差別爆撃という非難をかわすさまざまな工夫を試みた。

もちろん世論はさまざまに操作されたし、状況によって変化する。しかし連合国宣言に表われたように人権、自決権などの尊重を連合国が戦争目的にかかげざるをえなかった以上、また連合国がナチスのホロコーストのような残虐行為に強く反対せざるをえない以上、少なくとも建て前としては一般住民の大量殺害を正当化できなかった。その意味で住民の死傷が比較的少ない精密爆撃にも理由があったし、それは「人道的な爆撃」として戦時宣伝の重要なアイテムともなった。

第三に早期終戦論である。たとえば現在のイラク戦争に対するアメリカの世論は、自国の兵隊の死傷に敏感であり、政策決定にも大きな影響を与えている。軍や政府の説明の仕方によって、早く戦争を終わらせる手段として、無差別爆撃は現在でも国内世論の支持をえやすい。とくにノルマンディー上陸以来、地上戦が主な舞台となり、それだけ米兵の犠牲が増加した。戦争末期の空爆は、戦争を早く終わらせることによって、大勢の米兵の生命を節約できると説明されたことで国内の支持をえやすかった。

第四に指導者の態度である。米空軍内部にも精密爆撃論者が多くいた。彼らの多くはドゥーリトルのような現場指揮官であり、ワシントンとの結びつきも弱く、その影響力は現地司令部に限られていた。一方、マーシャル参謀本部長やヨーロッパ遠征軍司令官アイゼンハワーのようなトップリーダーは、ドイツが敗北する見通しの強まった戦争末期には、戦争に勝つために何でもやろうという気分になっていた。マーシャルは「雷鳴」作戦の空爆対象にミュンヘンを加えることを求めたし、アイゼンハワーもスパーツら空軍関係者の危惧をおしきって「雷鳴」作戦のために道を開いた。「結果を出せ」というプラグマティズムが上層の空気に瀰漫《びまん》していた。

第四章●大量焼夷攻撃と原爆投下
——「都市と人間を焼きつくせ」

家財道具を荷車に積んで避難する東京大空襲の被災者(台東区浅草 1945 年 3 月 10 日　写真提供＝毎日新聞社)

1　東京大空襲は、いつ決定されたか

米空軍とB29の開発

一九四三年一一月末、カイロでアメリカ、イギリス、中国の巨頭会談が開かれた。ルーズベルト米大統領、チャーチル英首相、中国からは蔣介石総統が出席し、連合国の対日戦争目的を明らかにしたカイロ宣言が採択された。日本の無条件降伏をめざし、三国が長期にわたり協力することが約束された。また日本が奪った中国領土の返還と朝鮮の独立も明記された。アーノルド米空軍司令官は、会議に「日本敗北のための空戦計画」(一九四三年八月二七日付)を提出した。内容は日本の都市産業地域に対する大規模かつ継続的な爆撃で、焼夷弾攻撃にも言及していた。直後の三国軍事会談では、超重爆撃機B29二〇〇機(実際に配備されたのは一五〇機)をインド・中国戦区に移し、中国の成都基地(四川省)から満州、朝鮮、九州の製鉄工場を爆撃する計画が決定した。

B29はそれまでの「空の要塞」B17重爆撃機にかわる、次世代の「超空の要塞」として一九三九年に構想された。B17はドイツと日本への戦略爆撃を念頭につくられたが、近くに基地がなければ、日本本土をカバーできる航続力はなかった。B29には速度、航続距離、爆弾搭載量

など、すべてにおいて在来の重爆撃機をはるかにしのぐ性能が期待されていた。

B29は、爆弾二・二六五トンを積み、五〇〇〇キロを往復でき、マリアナ諸島から日本本土を直接爆撃できた。また軍用機としては初めて、機体内部の気圧を一定に維持するための与圧装置と気密性のあるキャビンを備え、酸素マスクなしでも高高度の飛行が可能になった。リモコンで発射装置を操作できる機関銃多数を装備したことで、軍用機の安全性が大きく向上した。

戦闘機の攻撃に対する爆撃機の交戦能力が劣るので、これまではボックス型か菱形に編隊を組み相互に火力の不足や盲点を補う方法がとられてきた。ヨーロッパではそれでも思うような効果が発揮できず、昼間の爆撃行は護衛の戦闘機に頼らなければならないことが多かった。

しかし、B29は一万メートルの高度を飛ぶことができたので、この高度では損害を受ける率は、少なくなるはずであった。マリアナ基地からの本土空襲は、最初は迎撃されやすい昼間に約一万メートルの高度から行われた。日本の戦闘機は熟練した操縦士でなければこの高度に達することはできず、その場合でも燃料消費との関係で一回の交戦がやっとであった。そこで空対空の特攻隊が組織された。迎撃機から武装、防弾鋼板、燃料タンクの防弾ゴムまではがしとり、一五〇キロから二〇〇キロほど軽量化して高高度まで上昇し、B29を体当たりで撃墜する計画であった（渡辺洋二『死闘の本土上空　B-29対日本空軍』文春文庫、二〇〇一年）。

開発費も高くつき三〇億ドルを上まわった。ほぼ同時期からスタートした原爆の開発費は二〇億ドルであるから、結果的にいえばアメリカは日本本土空襲のためのハードウェアの開発だけでも五〇億ドルの巨費を費やしたことになる。しかも流れ作業のための組み立てラインが、試作機の完成前にすでに発注され、量産体制が準備された。米空軍にとってＢ29の建造には「ギャンブル」の要素が強かった。

のちに述べるように、米空軍は、Ｂ29が対日戦の決戦兵器となることを期待し、そのために開発が急がれた面がある。敵の降伏に決定的な役割を果たし、空軍が戦略的にも独立した戦力であることを米政府と軍、国民に広く認識させることが重要であった。結果的にはＢ29の投下した原子爆弾が戦争終結の過程で目覚しい働きを示し、「ギャンブル」は成功した。米空軍関係者は原爆とあわせてＢ29が「あらゆる時代を通じて最大の攻撃兵器となった」ことを誇ることになる(Biddle 前出書)。

当時、原爆開発の秘密プロジェクト「マンハッタン計画」が進行中であったが、同計画の軍事委員会ははやくも一九四三年五月五日、日本に対する原爆投下の検討をはじめた。米原子力委員会の歴史は「同じ年にグローブス(マンハッタン計画司令官)は核作戦のためにＢ29を改造する手配を承認した。イギリス製の爆撃機のかわりにＢ29を選んだことは、原爆の対日使用の意向を反映した」と述べている(R. G. Hewlett & O. E. Anderson Jr., *A History of the United States Atomic Energy Commission*, Vol. 1, Pennsylvania State University, 1962)。

翌四四年春、アーノルド司令官が、原爆投下用のB29一四機(予備機を含む)の引渡しを承認した。その結果、原爆専用の特別部隊として第五〇九混成群が編制され、ユタ州ウェンドーバー基地で訓練を始めた(一九四四年一二月一七日)。当時、最初の原爆の完成は四五年六月と予想された。

焼夷攻撃——ダグウェイでの実験

すでに開戦直前の一九四一年一一月、アメリカのマーシャル参謀本部長は秘密の記者会見でフィリピンの基地から日本の都市を「焼夷爆撃」する構想を述べた。木造建築の多い日本の都市攻撃には焼夷弾の役割が大きいことを、アメリカの空軍関係者は早くから認識していた。

一九四三年二月、日本の都市建築の特性に適した爆撃戦略を練り上げるために、米空軍(USAAF)司令官アーノルドは、作戦分析委員会(COA)に日本における重要な軍事的産業的空爆目標を検討するように依頼した。COAは銀行家、エコノミスト、企業弁護士、物理学者などさまざまな分野の民間人と空軍情報部員を中心に一年前、臨時的につくられた組織であった。初期には空軍参謀本部(Air Staff, AS)との摩擦が避けがたかったが、ASの主要なメンバーが参加することで、空軍とは表裏一体に近い組織となった。

一九四三年二月二四日、AS作戦立案部長が「日本とその支配地域における目標の全面的研究」を要請した。これに応えてAS情報部は翌月、「日本の目標データ 一九四三年三月」を提出した。産業的目標を列挙しキー・ターゲットをいくつかあげたが、精密爆撃論を前提として地域爆撃には言及がなかった。興味深いのは、そのあと五月に立案部が報告の「追加」を要請し、あらためて情報部に「日本の目標地域の焼夷弾攻撃に対する脆弱性」の研究を求めたことである。焼夷弾は、産業的、経済的目標の破壊よりは対人兵器として有効なので、この要求自体がASの都市焼夷攻撃への強い関心を物語った。

一方、アーノルド司令官は空軍参謀次長オリバー・P・エコルズに、工業施設に対する焼夷弾使用の効果について諮問した。エコルズは、ユタ州ダグウェイにある米軍の試爆場でまもなく焼夷弾の性能についてテストする予定だと答えた。アーノルドの諮問は工場(industrial plants)に対する焼夷弾の効果であったが、ダグウェイのチームがつくった実験用の目標レプリカは工場ではなく、ドイツと日本の住宅――長屋建築であった。それはイギリス空軍の経験から、焼夷弾を工場近くの住居地域に落とすのがもっと効果的であることをチームが知っていたからだという(William W. Ralph, Improvised Destruction: Arnold, LeMay, and the Firebombing of Japan, *War in History*, 2006, 13(4))。

ルーズベルト大統領は一九四一年に、軍事技術の開発のために国防委員会を設置した。同委員会での新型焼夷弾の研究開発の中心になったのが、スタンダード・オイル社副社長R・ラッセルであった。彼の任務はさまざまな条件で使える焼夷弾の開発であった。ラッセルは化学の専門家R・H・イーウェル博士を帯同してドイツの空爆状況を視察する一方、試作された焼夷弾の性能を試すためにダグウェイに実験用のドイツと日本の家屋を再現することを求めた。

日本家屋のレプリカをつくったのは、戦前一八年間も在日し、日本建築に精通したアメリカの建築家アントニン・レーモンドであった。レーモンドが実物大の日本家屋を正確に再現したのは、当時スタンダード・オイル社が開発しつつあった焼夷弾(ナパーム弾)の実験のためであった。彼は自伝で次のように回想している。

ダグウェイでの焼夷弾テストのためにつくられた日本家屋のレプリカ(写真提供＝東京大空襲・戦災資料センター)

「それは日本の工場と労働者住宅をいかに効果的に爆撃し、工業能力を壊滅できるか、という問題が起こったときのことである。私はニュージャージーのソコニー石油会社(スタンダード・オイルの略称)の研究部と協同でそのような住宅群の実物のデザインをすることになった。その住居は種々の型の焼夷弾や、爆弾の効力を調べるためのものであった。その目的は、できるだけ小型の軽量爆弾を作り、飛行機で大量に運搬ができ、それにより多くの飛行士の生命を助けることにあった。

われわれはその〔ニュージャージー〕近くにプレファブ工場を建設し、そこからユタ州の実験場までトラック路線を設定し、何千マイルもはなれてプレファブの部材を送り出したのである。その部材は実験場で組み立てられ、爆撃の目標とされた。〔テスト爆撃により〕破壊されるや否や、満足な結果を得るまで次々に新しく建てられた。建物は布団、座布団、その他すべてを含み、いつも完全な一軒の日本の家に見えるように仕上げられた。雨戸も取り付けられ、開けたり閉めたりして、爆撃は昼となく夜となく試みられた。」(三沢浩訳『自伝 アントニン・レーモンド』鹿島出版会、一九七〇年)

実験になぜ石油会社が深く関わったのだろうか。レーモンドに師事した日本の建築家三沢浩の報告によると、当時ソコニーはナフサ(精錬された重質ガソリン)とパーム(ココ椰子油)を結合したナパーム焼夷弾を実用化しており、その売り込みをはかるため、日本とドイツの住宅を建て実験する計画を思いついたのだという(三沢浩「アメリカの建築家と東京大空襲」)。実験に使われたのは、後に東京空襲で使われるM69クラスター焼夷弾で、約一〇〇〇メートルの高度から投下してテストした。五月から九月にかけて実験を繰り返した。その結果、M69が日本の家屋に対してきわめて有効であることが実証された。

実験結果は情報部の報告書『日本――焼夷弾攻撃資料　一九四三年一〇月一五日』にまとめられた。報告は日本の主要な二〇都市を分析し、「燃えやすさ(脆弱性)」を基準として、市街をいくつかのブロックに分類した。とくに重要な一〇都市の場合には地図が挿入され、分類されたブロックを図示した。東京の地図でもっとも燃えやすい区域に分類されているのは三月一〇(九)日の空襲の目標地域と一致している(奥住喜重・早乙女勝元前出書)。ナパーム焼夷弾はダグウェイの陸軍化学戦部隊とワシントンの国防研究委員会により正式に採用され、日本の都市

①

②
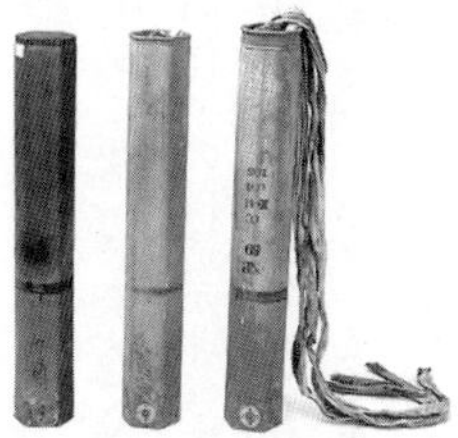

③

①M69 焼夷弾の実寸模型
②M69 に充塡されていた M69 ナパーム単体焼夷弾．投下されると，尾部から麻製リボンが引き出される．リボンは落下時に尾翼の役割をして，空中で火がつく
③M69 と混用されて投下された M50 マグネシウム焼夷弾(左 2 本)
(写真提供＝東京大空襲・戦災資料センター)

を焼き払うためにつかわれることになった。

焼夷攻撃の対象都市の選定

情報部報告書の最初のページには、ドイツよりも日本の都市が焼夷攻撃に適している理由が四つあげられている。日本の住宅の構造が非常に燃えやすいこと、都市の建造物の稠密《ちゅうみつ》度がきわめて高いこと、日本では工場と軍事目標が住居地帯に隣接していること、少数の都市に軍需産業が集中していることである。「こうして空軍の幕僚たちは三月九日の〔東京〕空襲のほぼ一八カ月前に、焼夷弾による日本の都市攻撃がドイツ都市よりも、もっと劇的な効果をもたらすことを確認していた」(Thomas R. Searle, It Made a Lot of Sense to Kill Skilled Workers: The Fire-bombing of Tokyo in March 1945, *The Journal of Military History*, Vol. 66, No. 1, January 2002)。

焼夷攻撃の対象となる主要都市は、実施段階までに本州の六都市(東京、川崎、横浜、名古屋、大阪、神戸)に整理される。報告の附表に示された六都市の人口を表4-1に示したが、四捨五入すれば本州の一〇〇万(以上の)都市すべてが含まれている。川崎だけは人口が三〇万台と少ないが、実際には横浜あるいは東京に対する空襲の一部として、焼夷弾攻撃の対象となったので実質的には本州の五都市となる。

日本の都市の特性から人口と労働者の数が多い順に六都市が選ばれ、大量焼夷攻撃の最初の

表 4-1　6都市の人口と焼夷攻撃に対する脆弱区域

都市名		東京	横浜	川崎	名古屋	大阪	神戸
人口(千人)		6,779	968	301	1,328	3,252	967
脆弱地域(平方マイル)	I	10.9	1.0	2.3	5.6	11.2	3.6
	II	56.6	6.4	2.3	15.2	28.2	6.7
	計	67.5	7.4	4.6	20.8	39.4	10.3

注：Iはもっとも脆弱，IIはそれに次ぐもの
出所：奥住喜重「日本――焼夷攻撃資料 1943年10月15日」(『空襲通信』第8号所収)により作成

目標となった。できるだけ多くの住民を焼くことが意図されていたと指摘できる。

一九四三年一一月にはCOAの最初の報告書『極東における経済目標　一九四三年一一月一一日付』がアーノルドに提出された。精密爆撃を前提としつつ、戦略的に重要な目標を優先順位をつけないであげた。それは鉄鋼、商業造船、航空機工場、ボールベアリング、エレクトロニクスおよび都市工業地域である。最重要と思われた爆撃目標として、中島飛行機などいくつかの工場名があげられている。最後の「都市工業地域」の爆撃は精密爆撃の枠を越えた地域爆撃であるが、次のように説明されている。「日本の戦時生産(重工業以外)は都市地域に対する焼夷攻撃に対し、とくに弱い。零細な手工業や家内工業に下請けさせる広範な慣行のためである。日本のちいさな住宅は居住のためばかりでなく、戦争資材の供給に貢献している仕事場でもある」。

アーノルドは報告書を受理した。満州の鞍山にあった昭和製鉄所と九州の八幡製鉄が、成都の第二〇爆撃機集団の空爆の重点目

標となったのはこの報告の結果である。

「地獄をひきおこせ」

一年後にさらにCOAは『極東における経済目標に関する追加報告書　一九四四年一〇月一〇日付』を提出した。最初のB29が中部太平洋マリアナの基地に二日後に着陸するので、マリアナ諸島(グアム、サイパン、テニアン)からのB29による日本本土空襲作戦の基礎となる報告である。追加報告書でもっともめだつ内容上の変化は爆撃目標が三つに削減されたことである。優先順位がつけられ、第一目標は航空機産業、第二目標は都市工業地域、第三目標が機雷の空中投下による航運の妨害となった。四三年一〇月のCOA報告と比べると、明らかに地域爆撃の比重が大きくなり、精密爆撃の対象は航空機工場だけとなった。第三目標は海軍の依頼によるもので日本の海上封鎖強化の一環である。戦略爆撃に対する「脇道(aside)」と明記されているので、海軍の作戦を支援する戦術行動であることは明白であった。

第二目標は、具体的には本州の六都市に対する焼夷攻撃である。九月に開かれたCOAの会議では「六都市の住民五八万四〇〇〇人を殺したときにおこる完全な混乱状態の可能性」が論じられている。これら都市について「家屋の七〇%が全滅するだろう。労働者の死、家内工業の破壊、住居の喪失を通じて、攻撃は日本経済(とくに工作機械)に顕著な効果を及ぼすだろう。

ほぼ一五％の生産低下がみこまれる。攻撃はすぐには前線の軍事力に影響しないだろうが、長期的には影響をあたえる」と説明された。

ＣＯＡのねらいは単なる戦略的重点工場の破壊ではなかった。戦略情報局長ウィリアム・マックガヴァンは、会議のなかで焼夷攻撃の心理的効果について発言した。日本人は子どものときから火事に対する恐怖心を刷り込まれているので、焼夷攻撃はパニックと結びつきやすいと指摘した。彼は地域爆撃を全面的に支持し、「地獄をひきおこせ、東京をやっつけろ。そして国中の日本人に参ったと言わせろ」と提案した。「いくつかの大規模空襲で日本人は政府に降伏するように要求するだろう」と考えられた（「ＣＯＡ会議議事録　一九四四年九月一五日および二七日」）。

アーノルドは追加報告書を採択したが、第二目標を本格的に実施するためには大量の焼夷弾の供給、備蓄をはじめ、これまで精密爆撃を前提に整備されてきた体制を地域爆撃のために切り替えることが必要であった。追加報告書も、六都市に対する爆撃は十分な戦力を準備してから行わなければならないと念を押していた。

2 都市焼夷攻撃とアメリカの責任

東京大空襲の時期――一九四五年三月

第二次世界大戦では、前線の軍事力を支えるロジスティックス(兵站)の役割がきわめて大きかった。ロジスティックスの軽視が日本の軍事的敗北の大きな理由であった。その面から言えば、日本の六都市に対し大量焼夷攻撃を集中するためには、作戦開始までに十分な戦争資材を、マリアナ諸島に運ぶ必要があった。一九四四年一〇月の推計では、六都市に落とされる焼夷弾の必要量は六〇六五トンとされた。また供給の前提として国内の生産設備をフルに稼動させ、作戦開始に間にあわせて必要な量を用意することも不可欠である。のちに述べるように、四五年三月に東京など六都市焼夷攻撃作戦を開始することが、その一〇カ月前に決定されたが、ぼう大な物資、人員を調達するロジスティックスの必要から言えば、けっして早くはなかった。

大量の飛行機と資材を要する地域爆撃への重点移動には時間を要した。また小規模な焼夷攻撃を繰り返しても、本格的な「大攻撃」が行われるときに延焼を阻む防火地帯を増やすだけだという皮肉な意見もあった。比較的少ない爆弾で実施可能な精密爆撃が先行し、六都市に対する「大攻撃」は、一定の準備段階を経たのちに行われることになると考えられた。

これまで作戦立案の過程を空軍参謀部と作戦分析委員会を中心にみてきたが、それらが現実の作戦として具体化されるためには、統合参謀本部（JCS）の決定が必要であった。統合参謀本部は、一九四二年に陸海軍の作戦調整のために設けられた。大統領に直属し、大統領つきの参謀長レイヒ提督が統括し、陸軍参謀本部長マーシャル、海軍作戦部長兼合衆国艦隊司令長官キング提督、空軍担当陸軍参謀本部長代理兼陸軍航空隊（USAAF）司令官アーノルド将軍によって構成された。空軍がまだ陸軍から独立しておらず、アーノルドの肩書きも陸軍のそれであったにもかかわらず、JCS内でアーノルドがマーシャル、キングに匹敵する地位を与えられたのは、空軍の独自の地位と役割が評価された結果であった。

一九四四年四月六日、最初のCOA報告書『極東における経済目標　一九四三年一一月一一日付』のあげた六種類の目標（一一七頁参照）に「石油関連施設」を加えた七目標を、JCSがB29による戦略爆撃の目標として決定した（JCS742/6文書「対日戦における超長距離爆撃機の最適な使用、時期、及び配備」）。この文書に収録された統合情報委員会（JIC）の分析は次のように爆撃の効果を説明していた。

「労働者の時間を修復と救援にむけさせること、死傷による労働力の損壊、生産に不可欠な公共サービスの中断と、とりわけ軍需産業に従事する工場の破壊がきわめて広範囲にお

よぶため、〔日本人は〕大災害に見舞われるだろう。」(JIC152/2)

一ヵ月後の五月九日、COAは、ハンセル陸軍航空隊参謀長に勧告した。「もし所要の戦力が利用可能であれば、日本の都市工業地域に対する総攻撃は一九四五年三月に開始し、その月に集中すべきである」。日本の六都市に対する焼夷弾攻撃＝「総攻撃」を四五年三月に開始し、集中せよということである。三月とされたのは、都市攻撃に適した日本の天候が三月と九月と考えられたからである(COA議長ギード・ペレラ大佐よりハンセル准将宛、一九四四年五月九日付)。おそらく春の突風と、九月の台風前後の強風による炎上効果を考慮した結果であると思われる。四五年三月の東京大空襲は、すでに一年近く前に決定されていた。

COAは、確実に都市の目標全体を破壊する焼夷弾攻撃の場合には、大量の兵力が蓄積されるまで待ってから、大量的かつ大規模に実施すべきだと考えていた。それまでは、精密爆撃が正面に出て、重要な産業的軍事的目標を一つ一つつぶしてゆくという一種の時間差戦術が考えられていた。

東京大空襲とアメリカの責任

一九四四年六月一五日、米軍のマリアナ諸島上陸作戦がはじまった。米軍のサイパン上陸と同時に、成都から飛来したＢ29四七機が北九州の八幡製鉄所を爆撃した。八幡製鉄所は国内鉄鋼生産の三割を生産した。しかし目視爆撃ができたのは一五機にすぎず、三二機はレーダー照準で爆撃した。これ以後、九州の各地は、成都を基地としたＢ29の空爆を受けることになる。

しかし中国の奥地からの日本本土空襲には多くの困難があった。九州の爆撃作戦が航続距離の限界であったし、爆弾、燃料など資材の多くをインドからヒマラヤ山脈を越えて成都基地にまで運ばなければならなかった。これに対し、中部太平洋のマリアナ諸島からはＢ29による日本の中枢部への往復爆撃が可能であった。マリアナからのＢ29による日本爆撃のため第二一爆撃機集団が編制された。これは在中国の第二〇爆撃機集団とともに第二〇空軍に直属した（第二〇爆撃集団もやがてマリアナに移動し、統合運用されることになる）。

第二〇空軍は日本に対する戦略爆撃を任務として四四年四月につくられ、形式上は陸軍航空隊に属したが、各戦域（太平洋軍、海軍、インド・ビルマ・中国戦区）司令官の権限からは独立して活動した。報告も陸軍をとびこして統合参謀本部に直接報告すればよいとされた。

アーノルドは、陸軍や海軍に対する戦術的な支援だけではなく、空軍は戦略爆撃によって敵を屈服させることのできる独立した戦力であり、敵の最終的な敗北に決定的役割を果たすことができると信じていた。第二〇空軍の成立はそこへ向けての大きな第一歩であった。戦争終結のための決定的な役割を誇示することが、アーノルドらにとっての課題となった。

アーノルドは、自分の参謀長ヘイウッド・ハンセル准将を第二一爆撃機集団司令官に任命した。しかしハンセルはアーノルドの期待になかなか応えることができなかった。本土空襲に必要な一〇〇機以上のB29と人員の調達には時間を要した。基地の整備は完了しておらず、部品などの補給も不足がちであった。肝心のB29自体がエンジンからキャビンの気密装置にいたるまで故障続きであり、準備が整ってからも悪天候のため何日も待機を命じられた。硫黄島上陸作戦をひかえた陸海軍の戦術出動の要請も無視できなかった。これらの悪条件はハンセルの責任ではなかったが、ハンセルの使命遂行に常につきまとった。

東京への空爆が始まる

一九四四年一一月二三(二四)日に実施された東京初空襲の目標は、中島飛行機武蔵野工場であった。サイパンを発進したのは一一一機であるが、一七機は燃料に問題があり途中でひきかえした。六機は他の技術的問題で進路を間違え、戦闘中に二機、帰途に一機を失い、米軍資料(「作戦任務第七号」)によれば主目標である飛行機工場を爆撃できたのは三五機だけであった。他の五〇機は、第二目標であった東京の市街地と港湾地域に爆弾を投下した。いずれにしても、主目標に爆弾を投下できたのは、発進したB29の三分の一以下で、工場自体の損害は軽微であったが、地上では無差別爆撃的な様相を呈した。

三日後の二七日、再び八一機が出撃したが、雲にさえぎられて飛行機工場を発見できず、東京上空に到達した五九機すべてが第二目標を無差別にレーダー爆撃した。三回目(一二月三日)には、東京上空は快晴で視界は良好であった。発進した八六機のうち七〇機(八一%)が工場を爆撃できたが、爆弾の命中率は二・五%で、成果は「不十分」(「作戦任務第一〇号」)とされた。武蔵野工場の爆撃は一二月二七日にも行われ、出撃した爆撃機の五四%に当たる三九機が第一目標に到達したが、照準点の三〇〇メートル以内に命中した爆弾は六個しかなく、「爆撃成果は僅少」であった(「作戦任務第一六号」)。

頭部銃座からみた，爆弾を投下するB29(1945年，名古屋上空　写真提供＝毎日新聞社)

一九四四年中に行われた中島飛行機武蔵野工場への爆撃にかぎっても、次の事実が注目される。第一に、確かに飛行機工場を目標とする昼間精密爆撃であるが、同時に第二目標——東京の市街地と港湾地域——として地域爆撃が明確に指示されており、爆撃の実態からも地域爆撃のウェイトが大きかった。第二は、目標地点に到達できた場合でも爆撃精度が悪く、結果的に「誤爆」による無

表 4-2　中島飛行機武蔵野工場爆撃時の B29 の損害(1944 年)

出撃日	出撃機数	迎撃機の攻撃回数	損失機数	交戦後の早期帰還ないし不時着
11 月 24 日	111	200	2	1(不)
11 月 27 日	81	なし	1	1(不)
12 月 3 日	86	75	5	8
12 月 27 日	72	272	3	2
合計	350	547	11	12

出所：小山仁示訳『米軍資料 日本空襲の全容』東方出版，1995 年

差別爆撃的な被害が生じた。第三に、日本軍機の迎撃と対空砲によるB29の損害は米軍資料による限り軽微であった(表4-2)。ただ米軍が計算に入れてなかったのは、西北から日本上空を流れる強力なジェット気流(偏西風)の存在であった。ジェット気流は、日本列島の上空一万二〇〇〇メートル前後を吹く強力な西風で、とくに冬季には場所により秒速一〇〇メートルに達することがある。B29の飛ぶ航路はちょうどこの気流とクロスしたので、爆撃は大きな影響を受けた。風下では爆撃の精度を維持することは困難であり、気流とクロスすれば飛行機が煽られて、正確な爆撃が不可能となる。風に乗れば精度は保てるが、速度を大幅に減速しなければ目標を飛び越すおそれがあり、減速すれば日本の迎撃機や対空砲の餌食になる危険が大きくなった。

一二月一三日の名古屋空襲では、三菱重工業の発動機製作工場が目標だった。このときハンセルは、B29の機首を風上に向けて爆撃し成功した。「爆撃成果は多大」(「作戦任務第一二号」)と

されたが、損害も大きく、Ｂ29九〇機中で損失四機、早期帰還一五機、不時着二機を出した（損害三一機とする数字もある）。ハンセルはこの頃を振り返り、次のように述懐している。

「〔一九四四年一一月から一九四五年一月までの〕三カ月は失敗続き、いってみれば最低であった。教官はきびしく乗員を鍛えて精度を改善させようとした。メンテナンスの向上には、莫大な努力が注がれた。天候は恐ろしい敵であったが、気象変化について情報はなかった。隊員の士気は危機に瀕していた。飛行機のエンジンは、いまだに当てにならなかった。」（Haywood S. Hansell, *The Strategic Air War against Germany and Japan*, Office of Air Force History, 1986）

マリアナからの空爆が失敗した技術的理由として、クレインは、①Ｂ29の欠陥（武器システム、エンジン、乗員の訓練度など）と、②気象条件（多い雲量、強風など）をあげたうえで、「一九四五年の初めまでの第二一爆撃機集団の成果はわびしいものであり、失敗率も多かった。Ｂ29の乗員は乗機と戦術に対する信頼を失いつつあった。精密爆撃は日本の産業に対してあまり成果を生まなかったが、それは高高度から投下された高性能爆弾のひどい精度不良とともに日本の小規模産業の拡散のためだった」と述べている（Crane 前出書）。

誇張されたルメイの役割

第二〇空軍に属するもうひとつの爆撃機部隊、第二〇爆撃機集団を途中から率いることになったのが、カーチス・ルメイ少将であった。最初の指揮官(ヴォルフ)が、技術的問題でアーノルドと意見があわず途中で解任され、ルメイに交替した。ルメイが力を注いだのは精密爆撃のための技術の改良であった。そのためもあって、飛行機工場を目標とした昼間精密爆撃でルメイは成果をあげた。たとえば一九四四年一〇月二五日、中国から飛来したB29五九機は、大村(長崎県)の第二一海軍航空廠を目視で爆撃し、東洋一を誇った巨大な飛行機製作所の大半を破壊した。

ハンセルが最良の戦果をあげたときでも一四%の爆撃精度であったのに対し、ルメイは爆弾の四一%を目標の約三〇〇メートル以内に投下することができた。アーノルドはルメイのうちに、ようやく自分の期待に応え、「結果を出せる」人間を見出した。アーノルドは一二月九日付のルメイ宛の手紙で、B29ならばどんな飛行機もなしとげられなかったすばらしい爆撃を遂行できると思っていたが、あなたこそそれを実証できる人間だ、と書いて期待をあらわにした。一九四五年初め、アーノルドは中国からの爆撃を中止し、B29をマリアナに合流させた。同時にルメイがハンセルにかわり、第二一爆撃機集団の司令官に任命された(一九四五年一月二〇日)。

のちにハンセルは、もし自分が指揮をとり続けていたら大規模な地域爆撃を行わなかっただろう、自分の罷免は精密爆撃から地域爆撃への政策転換の結果だと主張した。ある歴史家は、ハンセルの罷免が地域爆撃に反対したためだと言い、ルメイの任命は日本爆撃政策の転換をあらわしていたと主張した(Sherry 前出書)。

しかし、これらの主張は事実に合わない。すでに述べたように、アメリカは重要な特定目標に対する精密爆撃と並行して、地域爆撃をも爆撃方針に採り入れていた。ハンセルの実施した東京や名古屋に対する空爆では、主目標である中島飛行機や三菱重工と同時に、第二目標として市街地の爆撃が命じられ、現実に第二目標が爆撃されることが多かった。

さらにハンセル在任中の一九四四年一一月二九日には、二九機により東京の工業地域を第一目標とした、最初のレーダー照準による夜間爆撃が行われ、四五年一月三日には、名古屋のドック地帯と市街地を第一目標として昼間爆撃が行われた。名古屋爆撃は九六機の出動によるもので、三六平方キロを破壊、二七カ所から火の手が上がり、「爆撃成果は良好」と判定された(「作戦任務第一七号」)。二つの爆撃によって、ハンセルは実験的に地域焼夷弾爆撃をテストし「大規模な地域爆撃」の準備をしていた。準備はルメイに受けつがれ、二月二五日には二二九機が出動し、東京市街地に対する地域爆撃を行った。この爆撃は昼間、編隊飛行で高高度から爆撃した点で、むしろハンセルの戦術を踏襲したものといえよう。

一方、ルメイは、硫黄島が米軍の手に落ち、護衛の戦闘機が同行できるようになると、地域爆撃と並行して昼間精密爆撃をさかんに実施した。沖縄戦の中断を経て、本土爆撃が本格化する一九四五年六月は悪天候であったが、米軍の「作戦要約(Mission Summary)」で計算してみるとマリアナからのB29出撃部隊のうち精密爆撃が二一回、大阪などに対する市街地(地域)爆撃が一一回である(小山仁示訳『米軍資料　日本空襲の全容――マリアナ基地B-29部隊』東方出版、一九九五年)。

他に海軍の依頼による封鎖作戦援護のための機雷投下が一〇回あるが、回数としては精密爆撃の比重が大きい。精密爆撃と地域爆撃の関係は、入れ替え可能な併存関係として理解するほうが正しい。精密爆撃と地域爆撃の関係を対立的に考える、これまでの論じ方には誇張があった。対立的なとらえ方は、客観的にはルメイの責任を誇張し、強調することで空爆の思想自体に含まれる大量殺戮の肯定、あるいは第二〇空軍自体の責任を見誤らせる危険がある。

東京大空襲

東京大空襲は一九四五年三月九日(日本では一般に一〇日の空襲をいう)に行われた。「東京大空襲謝罪及び損害賠償請求事件訴状」によれば東京の深川、本所、浅草を中心とする下町の人口密集地、二八・五平方キロに集中的に三三万発、一六六五トンの焼夷弾を投下し、大火災を発生させた。

B29二七九機(出撃三二五機)による焼夷弾投下は一〇日未明まで二時間半にわたった。壊滅的損害を受けた地域は、当時の東京(三五区)のうち九区四〇・九平方キロに及んだ。焼失した家屋は二七万戸あまり、死者推定一〇万人以上、負傷者約四〇万人、家などを失った被災者は一〇〇万人にのぼった。爆撃や被害の実態については『東京大空襲戦災誌』(全五巻、東京空襲を記録する会編)をはじめとする多くの研究や証言にゆずり、ここでは次の問題点について考えてみたい。

何よりも重要なのは空前の規模で行われた民間人――とくに女性、子どもの大量殺戮などについて、アメリカの指導層がどう認識したのかという問題である。ルーズベルト大統領は東京大空襲の一カ月後に急死したので彼の見解はわからない。

ただ大統領の戦時最高顧問の一人であり原爆開発にも最初から関わっていたヴァニーバー・ブッシュ科学研究開発局長官について、次のような友人の回想が伝えられている。ブッシュは日本の都市攻撃、とくに焼夷弾攻撃の決定に関係していたが、「自分が東京を焼いたことで、戦後何年も夜中に悲鳴を上げて目を覚ました。原爆でさえジェリー・ガソリン(ナパーム焼夷弾)ほどには彼を悩まさなかった」(Peter Wyden, *Day One*, Warner Books edition, 1985)。

焼夷弾の専門家で科学研究開発局の顧問R・H・イーウェル博士は、M69焼夷弾の開発に深くかかわってきた人物であるが、ブッシュに宛てた覚書(一九四四年一〇月一二日付)で、「日本の都市を焼夷攻撃することが、日本の降伏を早めるために重要であり、もしうまくいけば戦争の終結を何ヶ月か早め、何千人というアメリカ人の生命を救うこととなる」として焼夷攻撃に必要な兵力と、日本の戦争遂行能力に与える損害について詳しく考察した。ブッシュはこの覚書を受け取るとすぐにアーノルドに送り、都市焼夷攻撃計画の実行を促した(奥住喜重訳「イーウェルからブッシュへ、日本の都市を焼夷攻撃せよ」『空襲通信』第八号)。友人の回想でブッシュが「自分が東京を焼いた」といっているのは、このことを指すのかもしれない。

スティムソン陸軍長官は、原爆開発の指導者、オッペンハイマーに東京大空襲による「皆殺し(wholesale slaughter)」について、アメリカで「何の抗議の声もあがらないのは恐ろしいことだ」とまで語っている(Wyden 前出書)。少なくとも文官の最高指導者たちは、東京大空襲の残虐性について認識していたといえるのではないか。とくにスティムソンは、東京大空襲が住民の「皆殺し」爆撃であり、地域爆撃の必然の結果であることをよく認識していた。彼は三月の東京大空襲の後で空軍担当補佐官ロバート・ロベットを呼んで、今後は精密爆撃を遵守せよと命じた(『スティムソン日記』一九四五年六月一日付)。また五月一六日にも精密爆撃を遵守させたいとトルーマン大統領に語り、「フェアプレイと人道主義を重んじるアメリカの名声こそが、今後数十年にわたる平和のための世界最大の資産である」と説明した(『日記』同日付)。

「〔彼は〕日本人に対する露骨な憎悪や人種的反感をまったく抱いていなかったし、また世界の世論に影響をおよぼす道徳上の配慮についてもけっして盲目《（ママ）》ではなかった」（マーティン・シャーウィン、加藤幹雄訳『破滅への道程、原爆と第二次世界大戦』TBSブリタニカ、一八七八年）として、この説明を評価する歴史家もいる。しかし、スティムソンはけっして人道主義や道徳上の配慮だけで精密爆撃にこだわったのではない。完成に近づいていた原爆を念頭において、「空軍が日本を徹底的に爆撃しつくし」原爆の威力を示す目標がなくなることを心配したことが大きな理由であった（『日記』六月六日付）。彼の要請に応えて統合参謀本部は、六月三〇日に京都、広島、小倉、新潟の四都市に対する空爆禁止命令をだし、原爆の投下目標として留保した。

のちにスティムソンは、原爆投下目標から京都を除外させた。それだけの影響力をもち、おびただしい民間人の犠牲に心を痛めながらもスティムソンの介入は精密爆撃を守れということだけだった。日本の都市に対する無差別爆撃をやめさせるためには何もしなかったのである。

アーノルドの責任回避

ルメイの直接の上司である第二〇空軍司令官アーノルドの場合にも同様の不作為があった。イーウェル覚書には、「〔六都市焼夷攻撃に関する〕人道上、政治上の疑問に対する最高指導層の決定」が要件として勧告されていた。ブッシュもそれを同封したアーノルド宛の手紙のなかで

「〔焼夷攻撃〕決定の人道主義的側面については、まだなされていないのであれば、高レベルでおこなわれなければならない」と念を押していた。アーノルドより高いレベルの人物としては、ルーズベルト大統領かスティムソン陸軍長官しか考えられない。しかしアーノルドが「高レベル」もしくは自分より上位にある人に計画の決定を要請した記録は発見されていない。アーノルドがブッシュとイーウェルの勧告にしたがわなかった可能性が強いのである。

また、アーノルドは第二一爆撃機集団に「結果を出す」ことを求めたが、どんな方法で成し遂げるかについては、直接には命令しなかった。「かわりに彼は、ベストとみなした作戦家を実戦部隊の司令官に任命し、白紙委任状をポケットに入れてマリアナに送った」(Ralph 前出論文)。ルメイが東京大空襲の際に採用した大胆な戦術変更(一三六―一三七頁参照)には大きなリスクがともなったが、アーノルドはそれに直接関与することを断わった。三月九日一七時三六分にB29の出撃を命じたのはルメイの独断であった。アーノルドは、ルメイに圧力をかけて結果を出すことを求めただけでなく、爆撃の手法と実行を現場指揮官に委ねて、結果的には責任を回避した。

アーノルドは軍人・政治家であって、すでに述べたようにB29により戦争を終わらせ、空軍の独立に有利な状況をつくることを悲願としていた。文字通り「B29の生みの親」(ルメイ)であった彼が、B29に賭けた使命がうまくいかなければ、その政治責任をすべて負わなければない。とくに、原爆の開発費を上回る三〇億ドルがB29の開発に費やされたことは、いつも心に重くのしかかっていた。アーノルドはマリアナからの空爆の失敗続きで政治的に追いこまれ、それを挽回するためにどうしても結果を出さなければならなかった。

アーノルドは、ルメイを第二一爆撃機集団の指揮官に任命した直後に心臓発作で倒れ、東京大空襲の時期にはまだ病床にあった。心臓発作は四度目であったが、B29に賭けた心労も一因であったかもしれない。

一九四五年二月一七日、海軍の艦載機が東京地区の中島飛行機武蔵野工場を攻撃した。爆撃は成功し、工場にかなりの損害を与えた。第二一爆撃機集団による同工場爆撃が成果をあげてないなかでの海軍機による成功だったので、海軍の快挙として新聞の賞賛を博した。

海軍はかねてからB29を要求していたので、このことは病床のアーノルドにとっても見逃すわけにはいかなかった。アーノルドは二〇空軍司令官代行ガイルズに宛てて書いた。「われわれが日本本土に送り込むことのできるB29の最大限が六〇機か八〇機だとすれば、管理上の変更が日程にのぼるだろう。たとえばニミッツ〔太平洋艦隊司令長官〕は、「B29の指揮権をよこせ、われわれは一時に三〇〇機を日本に送りこんでやろう」といって指揮権を要求するだろう」。

アーノルドはB29爆撃機集団が海軍に移管される可能性を心配した。この心配がさらに、「結果を出す」ことに対するアーノルドの熱望をかきたてたことは疑いない。アーノルドはルメイが東京大空襲で「結果を出した」ことを知り、ガイルズ司令官代行を通じてルメイに賛辞を送るとともに、「空軍は太平洋戦争に主要な貢献をなしうる機会を手にした」と信じると述べた。このあと空軍は、日本本土上陸作戦以前に、空爆のみによって日本を降伏に追い込むことを強く期待するようになる。

ルメイの独創

アーノルドが政治家、ハンセルが理論家・教官であったのにくらべればルメイは練達の実戦家であった。しかし、すでに述べたように、これまでルメイの役割が誇大に語られてきたことも事実である。ルメイが一月末に就任したとき、すでに東京など六都市爆撃の大きな枠組み——JCSの決定、焼夷弾攻撃のハードウェア(B29とナパーム焼夷弾)とソフトウェア(航法、目標、爆撃方法など)、東京・名古屋に対する実験的な地域爆撃の試行など——が存在していた。結果的には三月九日の空襲まで六週間の在任期間しかなく、爆撃方法の大幅な変更はむずかしかった。

東京に対する大量焼夷攻撃の実施に関して、真にルメイの独創といえるのは、侵入高度を変更したことであった。これまでの昼間爆撃(一九四四年一二月三日、一九四五年一月二七日、二月二五日)のテストでは侵入高度は八五〇〇メートルから九五〇〇メートルであった。ルメイはそれを一五〇〇から三〇〇〇メートルに変えた。理由は三つあった。低空ではジェットストリームの影響を受けないこと、またエンジンの負荷が少なくなるので燃料が節約でき、その分だけ多く爆弾を搭載できること、低空からは爆弾を正確に命中させやすいことなどである。

とくに焼夷攻撃の場合には、目標地域に適当な密度で連続的に落とすことで、焼夷弾のおこした火点がつぎつぎに合流し、手のつけられないほどの大火災を発生させる。しかし反面、低空では、迎撃機や対空砲火の犠牲になる可能性と危険が大きくなるので、ルメイは攻撃時間を昼間から夜間に変更した。夜間飛行がいっそう機の安全を保障すると考えたのである。

ルメイは思い切って出撃機の装備から銃、弾薬、機銃手まで取り除いて、一機当たり約一二〇〇キロの爆弾を余分に積めるようにした。大ざっぱにいって当日の一機当たり積載量の二〇―三〇%に当たる量である。燃費のかかる編隊飛行でなく、単機が直列して飛ぶことにした。節約できた燃料の分で、さらに多くの焼夷弾を積むことができた。

従来の慣行の思い切った変更を伝えられると、B29の乗員の大部分は、暗闇を機関銃もなく、編隊も組まないで単機飛行することに恐怖をおぼえ、死を覚悟した(二〇三―二〇四頁参照)。しかし実際には、東京空襲にともなうB29の損害は軽微で、「二機が対空砲火で損失、一機が毀損調査で損失、四機が不時着水、七機が未確認の原因で損失」とされている(「作戦任務第四〇号」)。

六都市焼夷攻撃の実態

ルメイは六都市「総攻撃」計画により、東京爆撃ののち他の五都市を大量の焼夷弾で攻撃した。今井清一は、六都市焼夷攻撃の実態を次のように整理している。

三月段階　三月一〇日〜一九日（焼夷弾電撃戦）　東京、名古屋、大阪、神戸、名古屋

四月段階　四月一三日　東京北部空襲（東京造兵廠群）、一五日　蒲田・川崎空襲（東京南部の目標市街地と川崎の目標市街地）

五、六月段階（早期降伏を促進）　五月一四日〜六月一五日：五月一四日、一七日　名古屋市街地、五月二四日　東京市街地（山手地域）、横浜市街地、六月一日　大阪市街地、五日　神戸市街地、七日　大阪市街地、一五日大阪・尼崎市街地

（今井清一「大都市焼夷弾爆撃とその目標」『空襲通信』第四号所収）

三月に集中して行われるはずの六都市攻撃が六月までずれこんだのは、途中で焼夷弾が不足したことと、三月末から沖縄上陸作戦が始まったことなどの影響によるものであろう。

六都市だけでなく、最終的には戦争が終わるまでに日本の六七都市が壊滅的打撃を受けた。

空襲による死者は、実際にはどのくらいになるのだろうか。敗戦直後の一九四五年八月二三日、

内務省防空本部が発表した数字によれば、空襲による死者二六万人、負傷者四二万人であるが、明らかに少なすぎる。一般には死者六〇万人といわれている。

アメリカがヨーロッパと日本に対する戦略爆撃の結果を調べるために派遣した戦略爆撃調査団は、三月の東京大空襲の被害結果について「いかなる都市も見舞われたことのない最大の災厄」と形容した。東京で一〇万人もの市民を殺したことについて、ルメイは戦後になって次のように書いている。「われわれは東京を焼いたとき、たくさんの女子どもを殺していることを知っていた。やらなければならなかったのだ。われわれの所業の道徳性について憂慮することは――ふざけんな(*Nuts*)」(C. E. LeMay with M. Kantor, *Mission with LeMay*, Doubleday, 1965)。

ルメイは、一般住民を焼き殺す焼夷弾攻撃が人道に反することを知っていたが、戦争の必要をそれに優先させた。ルメイが現場指揮官として効果的な戦術を考案し、大量殺戮を実行した責任は明らかであるが、直接には上官(アーノルド)に命じられた任務を遂行したのであった。

東京大空襲の前月に行われたドレスデン爆撃の非人道性が問題になったとき、アーノルドは「ソフトになってはいけない。戦争は破壊的でなければならず、ある程度まで非人道で残酷でなければならない」と語った。日本で「非人道で残酷な」都市無差別爆撃を命じたことで、アーノルドも共同責任をまぬかれない。また、六都市を地域爆撃の目標として決定した統合参謀本部の責任もおおいがたい。

都市焼夷攻撃の目的——住民の死傷

ドイツの場合には、住民を大量に殺傷する空爆は戦意をくじき、戦争を終わらせるためとされた。では、日本の場合には空爆の目的は何であったのだろうか。

東京空襲のあと他の四都市（川崎は東京または横浜空襲と連係し、その一部として実行された）に対する空爆が続いた。その多くが夜間焼夷攻撃であった。アーノルドは、まず爆撃が少数の都市に集中したことの説明として、都市における工業的目標の数とともに労働者の人口と数をあげている（第二〇空軍参謀長宛て覚書、一九四五年六月九日付）。前記（一一七頁参照）の『日本——焼夷攻撃資料 一九四三年一〇月一五日』の附表「二〇都市に関する焼夷弾攻撃資料」が示しているように、川崎を除く本州の五都市は、人口の多い上位の五つがすべて網羅されている。できるだけ多数の都市労働者に損害を与えることが都市焼夷攻撃の大きな目標であったことが、人口を基準とする六都市の選定の仕方にもあらわれている。

都市労働者が大量的にターゲットとされたのは、アーノルドによれば「工業のマンパワーの崩壊と、敵の戦意に著しい影響を及ぼす」からであった。一九四四年四月に日本の都市工業地域を攻撃目標とすることを決めたJCS文書（742/6、一二一頁参照）には日本の六都市を爆撃する目的のうちに「死傷による労働力の崩壊」を明記した。

都市焼夷攻撃の主なねらいの一つは、戦時生産を支える労働力（マンパワー）そのものの直接的な破壊にあった。日本の都市地域が零細な手工業や家内工業に下請けさせる広範な慣行のため、焼夷攻撃に対してとくに弱いことは、早くから認識されていた。

また五月二四日の第二次東京大空襲が無差別爆撃であって、精密爆撃ではなかった理由を、スティムソン陸軍長官が尋ねたとき、アーノルドは「空軍は次のような事実から生じる困難な状況に直面している。日本ではドイツと違って工場が集中しておらず反対に分散して小さく、しかも従業員の居住地域とくっついている。そこで生産と結びついている民間人にヨーロッパよりおおくの損害を与えることなしに、日本の戦時生産をほろぼすことは実際上不可能である」（『スティムソン日記』六月一日付）。

「工業のマンパワー＝生産と結びついている民間人」の「崩壊」には、労働者だけでなく、その家族や近隣をも焼き尽くすことが含まれている。都市焼夷攻撃は、労働者とその家族、近隣――すなわち生活圏そのものを直接のターゲットとした攻撃であり、住民の戦意以上に戦力基盤としての住民の殺傷自体が目的であったといわざるをえない。住民とその生活圏を焼きつくすことそれ自体が都市焼夷攻撃の目的であった。

戦略爆撃の効果

住民の大量死傷による戦力の破壊にせよ、戦意の破壊にせよ、アーノルドら空軍関係者が期待したのは戦略爆撃がアメリカの勝利を早めることであった。空襲による日本の六七都市の破壊は果たして早期終戦に貢献できたのだろうか。日本の戦時生産力に関していえば、アメリカ空軍は主に二つのやり方——①精密爆撃による重要な産業的、軍事的目標の破壊、②地域爆撃、とくに都市焼夷攻撃による基盤労働力の破壊——を並行して行い、戦時生産に大きな打撃を与え日本を屈服させようとした。

当初の目的であった、六都市に対する大量焼夷攻撃は、一九四五年六月半ばまでに日程を終えたかたちとなった。四四年一〇月の改訂報告を提出したあと、作戦分析委員会(COA)は解散し、あらたに統合目標グループ(JTG)がつくられ、COAの仕事を引き継いでいた。

六月初め、JTGは、ドイツ調査を終えたばかりのアメリカ戦略爆撃調査団との合同会議で、日本における爆撃目標について討論し、その結果をアーノルドに報告した。調査団が強調したのは、日本の戦争遂行能力に最大のインパクトを与えるのは輸送施設への爆撃だろうこと、戦意攻撃は日本人の行動にほとんど影響しないだろうということであった。調査団はこういう表現で住民を主要なターゲットとした都市焼夷攻撃を批判したのである。彼らの多くはドイツで焼夷弾攻撃の悲惨な結果を目撃してきたし、なかには嫌悪するものもいた。

しかしルメイは「東京に対する焼夷弾攻撃レポート」を提出し、その成果を誇張した。そればかりでなく、ルメイはさらに二五の中小都市爆撃計画を提出した。アーノルドは都市焼夷攻撃をさらに続行するが、この時期には原爆の完成が間近になり、大統領の周辺では原爆投下の目標選定がさしせまった課題になりつつあった。

アメリカ戦略爆撃調査団は現地調査を含めて、戦略爆撃の効果について広範な調査を行った。日本の戦時生産力の破壊については、次のような趣旨を報告している。

「調査によれば、空襲は日本経済の全面的弱体化にかなりのパーセンテージで貢献しているが、おおくの部門ではその効果は、海軍の封鎖と複合してうまれた。石油精製所の大部分には石油がなく、アルミニウム工場にはボーキサイト(原料)がなく、鉄鋼工場には燃料もコークスもなかったので、軍需工場は鋼鉄とアルミニウム不足の状態であった。」

調査団の一員として一九四五年一〇月から東京に滞在したトーマス・ビッソンは、日本占領の回想記のなかで、「分析にあたった者たちがほぼ一致した点といえば、水上艇《(ママ)》あるいは潜水艦によって日本の輸送を破壊したことが、最大の効果をもたらしたという点であった。日本本土に対する戦略爆撃ではなく、石油・ボーキサイト・鉄およびその他の原料の剝奪が日本敗北の主要な要因だったのである」と述べている(中村政則・三浦陽一訳『ビッソン日本占領回顧録』三省堂、一九八三年)。これらの報告は、日本の諸都市に対する空爆が数十万の市民を殺しながらそれだけでは日本の戦力破壊という大目的に、あまり貢献しなかったと主張しているのである。

3　原爆はなぜ投下されたか

空襲と原爆――ふたつの記憶

東京大空襲の時に筆者は高等学校の学生で、東京湾に面した川崎の自動車工場で動員学徒として泊り込みで働いていた。三月一〇日の大空襲で、東京湾の対岸にある下町が赤々と炎上するのを見て、鮮烈な印象を受けた。動員された学徒のなかに神田の高等女学校の生徒たちがいた。空襲の被害を直接受けたせいか、何日も姿をみせない人が多い。消息を探りにいけということで、私は浅草橋あたりの焼け跡を名簿片手に探し歩いた思い出がある。

二〇〇二年二月末、『ニューヨーク・タイムズ』の記者ハワード・フレンチから、筆者のところへ電話がかかってきた。彼の話は次のようなものであった。東京大空襲では一〇万人も死んだ、これは原爆による長崎の死者より多い、しかし東京大空襲は日本でもアメリカでも公的な記憶があまり残っていない。広島、長崎の被爆者については毎年慰霊の国家的行事などがあり、よく知られているが、東京大空襲の被害者の祈念・追悼についてはほとんど知られていない。アメリカ人は東京大空襲のことは知らない。どうしてそうなったのか取材したいということであった。

取材は電話取材であった。なぜ電話取材なのか、率直に聞いてみた。彼の説明では、東京大空襲は三月一三日だと思い違いしていた。一三日のつもりで取材の予定を組んだ。ところが一〇日だというので予定が狂い、面談する時間がなくなったということであった。実際に記事は三月一三日東京発で一四日付の『ニューヨーク・タイムズ』に出た。見出しは「一〇万人が全滅した、しかし誰が記憶しているか?」であった。大新聞の記者さえ一〇日を一三日と思い違いをするほど、東京大空襲について外国ではあまりよく認識されていない。

原爆の記憶にくらべて東京大空襲の記憶が忘れられがちなのは、たった二発の原爆によって日本という強国が降伏したと人々が思っているからである。当時の関係者の言葉に"spectacular"という形容詞がよく出てくる。「見せ場になるような」とか「劇的な」という意味である。東京大空襲で使われたナパーム弾の残虐性は、ヴァニーバー・ブッシュのような事情に通じた関係者には原爆を上回るものとさえ感じられたが(一三一―一三二頁参照)、一般の人々には原爆の"spectacular"な出現が心に深く刻みこまれ、東京大空襲の記憶は後景に押しやられた。

しかもアメリカ政府や軍の説明により、原爆が、戦争で失われたはずのおびただしい人命を救った人道的な兵器であったかのような幻想に、多くの人々がとらえられた。アメリカの世論調査会社ギャラップが一九四五年八月一〇日から一五日にかけて、「日本の都市に対して新しい原爆をつかうこと」の是非について調査した。「イエス」八五%、「ノー」一〇%であった。

それだけでなく、アメリカは長い間、被爆の実情を隠蔽した。マッカーサーを総司令官とする連合国の占領軍総司令部(GHQ)も、原爆被害の実態が知れわたることを極力妨げた。占領開始直後の九月一〇日、連合軍に不利な報道を禁止するプレス・コードが布告され、占領軍の検閲により原爆報道が禁止された。外国人記者の場合にも同様であった。

九月六日、ひそかに長崎に潜入したアメリカのジョージ・ベラー記者は、第一報で投下の模様を詳しく書いているが、今日からみても正確に近い。七日付の記事は、長崎で被爆した連合軍捕虜に対するインタビューである。長崎にあった連合軍捕虜収容所は、写真偵察によってその存在が報告されたが、グローブスはあえて爆撃を命じた。原爆は連合国の国民をも死傷させていたことが、こまかく報じられている。八日の記事では、「死者の七〇%が焼死であった。八月九日午前一一時二分に発生し、二時間半も燃え続けた火焔に多くの者がとらえられたことは、間違いない真実だ」として、住民の原爆死のありさまを報じている。これらの記事は活字になる前に占領軍に押収され破棄されたが、幸いにもカーボンコピーが保存されていたので、ベラーの息子が六五年ぶりに父の名前で公刊し、占領軍が抹殺した記事が二〇〇六年にようやく日の目を見た(George Weller, *First into Nagasaki*, Crown Publishers, 2006)。

日本の降伏とソ連要因

戦略爆撃調査団のビッソンは、戦略爆撃の効果に触れた前述の文章(一四二―一四三頁参照)につづけて「戦略爆撃が、あの時点での日本降伏をもたらすのに役立ったこともまた明白な事実であった。ただし、これはソビエト・ロシア軍の日本本土侵入を防ぐことが、日本側があの時点で降伏した最大の目的ではなかったと仮定すればの話であるが」と微妙ないいまわしの文章を書いている。日本の降伏決意をうながした重要な要因、とくにソ連の行動を念頭においた表現である。

原爆投下(八月六日広島、九日長崎)とソ連参戦(八日宣戦布告、九日未明軍事行動開始)とはほぼ同時におこり、八月一〇日の日本政府による条件付きポツダム宣言受諾通告がそれにすぐつづいた。日本の降伏決意をうながしたのは、二つの要因――原爆とソ連参戦――の相乗作用であることは否定できないが、日本側の資料でみる限り、対ソ要因が決定的であるように思える。この問題は別に論じたことがあるのでここでは立ち入らないが、一つだけ指摘しておく(荒井信一『原爆投下への道』東京大学出版会、一九八五年)。

ポツダム宣言受諾の決定は、九日深夜から宮中で開かれた御前会議で決まるが、議事録(保科善四郎手記「ポツダム宣言受諾に関する御前会議記事」)によれば、三時間に及んだ会議の中で原爆と空襲にふれたのは一カ所にすぎない。

御前会議の議長を務めた平沼騏一郎枢密院議長が「戦争遂行の目算ありといわるるが、自分の疑いを有するは、空襲は連日来たり、また原子爆弾に対する防御に自信ありや」と質問したのに対し、参謀総長が「空襲に対し充分の成績を挙げえざりしも、今後は方法を改めたるゆえ戦果を期待しうべし。しかし空襲のために敵に屈服せざるべからざることなし」と答えた。空襲と原爆に触れたのはこの短い問答だけで、多くの時間が割かれているのはソ連と国内治安の問題である。半年前の二月一四日、元首相近衛文麿が天皇に対し、もっとも憂慮しなければならないのは「敗戦よりも敗戦にともなって起こることがあるべき共産革命」であると上奏したが、同様の発想が御前会議の議事録にも底流している。

ビッソンの回りくどい表現は、戦略爆撃調査団のなかで、ソ連要因の評価について意見が分かれていたことによるものであろう。日本の戦争終結過程にソ連の影が大きく影響していたことは、別の面からもうかがうことができる。

日本を原爆の投下目標として確定したのは、一九四四年九月一八日に英米間で結ばれたハイドパーク協定である。チャーチル英首相が訪米し、ルーズベルト米大統領と会談した結果をまとめた秘密協定で、原爆が完成したら日本にたいして使うことが合意された。しかし同時に、原爆は「最高機密」として、ソ連には知らせないという約束も書きこまれた。英米がすでにこの段階から、戦後世界でソ連を従わせる覇権兵器として原爆を位置づけていたことがわかる。

一九四五年五月八日、ドイツが降伏し、大戦は日本との戦争を残すだけとなった。当時、対日戦の切り札と考えられたのは、ソ連の対日参戦であった。すでにこの年二月のヤルタ会談で、ソ連はドイツとの戦争が終われば、二、三カ月以内に対日参戦すると約束していた。米英は代償として、満州（中国東北部）の権益や日本の北方領土などをソ連に与えることにしていた。

しかし原爆が完成に近づくにつれ、果たして約束どおりにソ連が参戦するかどうかが問題となった。七月一七日、首脳会談のためドイツを訪れたトルーマン大統領はスターリン首相に会い、首相の口からソ連が八月一五日に対日戦争を開始する確約を得た。その日の日記に、トルーマンは「それ〔ソ連の参戦〕がおこればジャップ〔日本のこと〕は終わりだ」（七月一七日の項）と書いた。トルーマンはソ連参戦が日本降伏の決定的要因になることを確信したのである。

ソ連参戦が日本の降伏を早める効果に軍も大きな期待をかけていた。六月一八日、ホワイトハウスで開かれた会議で日本本土上陸作戦が決定した。そのとき報告された陸軍の公式見解では、ソ連が参戦すれば「その時点か、米軍が上陸すればその直後に、彼らを動かして降伏させる決定的な行動になる可能性が大きい」というものであり、ソ連の参戦だけで日本が降伏する可能性を指摘していた。アメリカにとってソ連参戦は日本を降伏に追い込む主要な選択肢であった。

それにもかかわらず、最初の原爆は、スターリンの約束した八月一五日より一週間以上早く、六日に広島に投下された。簡単に言えば原爆の威力を過信したトルーマンがソ連の軍事力を排除して、原爆だけで日本を降伏させようと望んだからである。もし、それが実現すれば、トルーマンにとって、これ以上に劇的(spectacular)な原爆のデビューの仕方はなかった。

トルーマンが原爆の威力を過信したのは、七月一六日にアメリカのネヴァダ砂漠で行った原爆実験が予想以上の成功を収めたからであった。当時、ポツダム会談のためにドイツに滞在していたトルーマンは実験の成功を知ると、七月一八日の日記に「ロシアがやってくる前に日本はつぶれる。マンハッタン〔原爆〕が日本本土に姿をあらわせば確実にそうなるだろう」と書き、ソ連参戦まえに原爆のみにより日本を降伏させることを夢見るようになった。原爆実験の成功に幻惑されたトルーマンはソ連参戦に代わる選択肢として原爆による終戦を選んだ。

しかし、ソ連要因は日本の終戦過程に大きく影響した。スターリンは、広島への原爆投下にただちにアメリカの反ソ的な意図をかぎつけた。対日参戦の予定を繰り上げ、八月九日未明からソ連軍が満州、朝鮮に攻めこんだ。関東軍(満州に置かれた日本陸軍部隊)は総崩れとなり、朝鮮国境までしりぞいた。

当時、日本はソ連の仲介による和平工作に一縷の望みをかけていたので、日本の退路は断たれた。すでに二月、和平派の中心と見られた近衛文麿は、敗戦よりも敗戦にともなう共産革命が恐ろしいとして、「国体護持」(天皇制の存続)のため戦争を終結すべきだと天皇に上奏していた。

八月九日、第二の原爆が長崎に投下された。この日の夜から一〇日未明にかけて宮中で開かれた御前会議は、「国体の護持」の条件付きでポツダム宣言の受諾を決定した。アメリカは一二日に、日本国民が望めば天皇制がのこるというポツダム宣言の解釈を示し、日本の条件に前向きの回答を与えたので、天皇は国体護持に自信をもった。八月一五日、日本は連合国に正式に降伏し、ようやく第二次世界大戦は終結した。

原爆投下目標の選定

一九四五年四月一二日、トルーマンが副大統領から昇格したとき、すでに原爆開発が進捗しており、むしろどう使うかがさしせまった問題となっていた。トルーマンはスティムソンを議長とする暫定委員会をつくり、原爆政策に関する諮問機関とした。一方、マンハッタン計画の内部でも、投下目標をどのような基準で選ぶかが日程にのぼっていた。計画の関係者に第二〇空軍のメンバーを加えて、「目標検討委員会(Target Committee)」が設置された(以下に引用する目標検討委員会などの資料の翻訳は、主に岡田良之助訳によった。山極晃・立花誠逸編、岡田良之助訳『資料 マンハッタン計画』大月書店、一九九三年)。

四月二七日、グローブス少将のもとで目標検討委員会の第一回会議が開かれた。日本の夏の悪天候が予想されたため、レーダーでなく目視による有視界爆撃を行うこと、「目標は妥当な広さの都市地域に位置するが、目標そのものは直径三マイルをくだらないもの」とするとして、東京と長崎の間にある一七都市が研究対象になった。一七都市は、第二一爆撃機集団の焼夷攻撃リスト(二四〇頁参照)から選ばれたが、同時に東京、横浜、名古屋、大阪、京都、神戸、八幡、長崎については第二〇空軍が組織的に爆撃していること、東京は「焼きつくされており、皇居が残されているだけで、事実上瓦礫と化している」ことが報告された。ここでも、はじめから人口の密集した都市地域が目標とされた(「目標検討委員会初回会議覚書」一九四五年四月二七日)。

五月一〇日に開かれた第二回委員会会議で、投下目標として京都、広島、横浜、小倉兵器廠が勧告された。興味をひくのは、「目標選定上の心理的要因」が重視されたことである。次の二つが指摘された。「(1)日本にとって不利となるような最大の心理的効果をあげること、(2)この兵器をはじめて使用するさいには、十分にこれを劇的(spectacular)なものにし、兵器に関する情報が公開されたときに、その重要性が国際的に認識されるようにすること」である(「会議の要約 グローブス少将にあてた覚書」一九四五年五月一二日)。

(1)の「日本にとって不利となる」が何を意味するかは、「私は目標選定の主要な要因として、そこを爆撃することが、日本人の継戦意思をくじく最大限の効果をあげるような場所とすべきだということをあげた」というグローブスの言葉から明らかであろう。さらに委員会は「軍事」目標に対する使用として「拙劣な爆弾投下により、原爆を無駄遣いする不都合な危険を避けるために、小規模でかつ厳密に軍事的な目標が、さらにずっと広い地域のなかの爆風被害を受けやすいところに存在していなければならないという点で意見が一致した」。軍事目標の存在は正当性を担保する一種の保険として要求されたにすぎない。

さらに重要なのは、放射能被害の問題である。一〇日の委員会では「放射線医学的影響」の問題が取り上げられ、オッペンハイマーの提出したメモを中心に論議された。メモには爆弾自体の放射性物質に毒性があり、人間一人の致死量の約一〇万倍の毒性物質が含まれていること、爆発時の放射線に曝された場合、半径一・六キロ以内で人間に損傷を与え、半径約一キロ以内では死をもたらすなど、詳細に述べられている（「オッペンハイマーからファレル准将にあてた覚書」一九四五年五月一一日）。爆撃時に大気、大地、水などが汚染され、放射線による二次的な被害をもたらすことには触れていないが、それでも通常の空襲とは質的に異なる放射線の対人間効果が予見されていた。しかし、記録からみる限りこの事実が深く論じられたり、放射線被害が掘り下げられて検討された形跡はうかがえない。

五月二八日の第三回委員会会議では、「リトルボーイ」（ウラニウム爆弾）の準備が八月一日に完了することが報告され、目標の京都、広島、新潟に関する資料が提出された。目標都市の「工業地域が小さく、市街地の外辺に広がり、完全に分散している」という理由で「精密照準目標としては工業地域の位置は無視」し、「選定された都市の中心部に最初の特殊装置(原爆)を投下するように努力」するとして住民の集中する都市中心部を目標とすることが決定された。

封印された実戦使用の代案

原爆の投下以外の選択肢がほとんど考慮されず、事実上の無差別爆撃として原爆の投下準備が進むなかで、わずかながら実戦使用をめぐる疑問が高位の関係者により口にされたことがあった。それは五月二九日にスティムソン陸軍長官、マックロイ陸軍次官とマーシャル参謀本部長の間でもたれた短い会談である。主題は「最小限の死傷で戦争を終わらせる方法」で、原爆の使用だけでなく毒ガスの使用も検討された。

原爆は一般住民にではなく、「大きな海軍施設のように明らかな軍事目標」に投下すべきだ、そして所期の効果があがらなかった場合には、「いくつかの大きな工業地域を指定し、住民にそこから離れるように警告する」ことをマーシャルが提案した。マーシャルは、退避警告を発することでアメリカは「原子兵器の無分別な使用にともなう可能性がある不名誉を挽回する」ことができるかもしれないとも述べた。しかしスティムソンとマックロイはそれに注意をはらわず、マーシャルの指摘を掘りさげようともしなかった。マーシャルも二度とそれを提起しなかった（J・J・マックロイ「マーシャル将軍との会談覚書」一九四五年五月二九日）。

トルーマンが大統領就任直後に、原爆政策に関する諮問機関として設けた暫定委員会でも、投下問題が取り上げられた。五月三一日午前の暫定委員会で、生命の大量損失を招くようなやり方で使用するまえに、代案として、印象的だが無害なデモンストレーションにより、日本人に原爆の力を示すことが提案された。昼休みの昼食のとき、わずか一〇分間だけ代案が話題となった。

オッペンハイマーは、戦争をつづけることは無益だと日本人に信じこませるのに十分なほど劇的（spectacular）なデモンストレーションなど考えられないと反対した。ほかの反対もあった。爆弾が不発の場合、また原爆搭載機が打ち落とされた場合、さらに実験地にアメリカ兵捕虜が連れてこられた場合などが否定的な理由としてあげられた。昼食後、オッペンハイマーが発言し、通常の空爆と違う点として、ビジュアルな恐ろしい効果以外に、少なくみても半径二キロ以内の生命を危険にさらす放射線の作用をあげた。目標と効果について議論されたあと、議長のスティムソンが結論を提案し、全会一致で同意された。

「合衆国は日本側に事前の警告を与えることはできない。一般住民地域を集中攻撃目標にすることはできない。ただし可能な限り多くの住民に深刻な心理的影響をあたえるようにすべきである。もっとも望ましい目標は、多数の労働者を雇用し、かつ、労働者住宅にぎっしり囲まれている基幹軍需工場であろう。」(「暫定委員会会議覚書」一九四五年五月三一日)

勧告は一見、「一般住民地域」に爆撃を集中せず、軍事目標主義を尊重するように見えるが、実際には、一般住民の大量殺戮が不可避となることは明らかであった。五月二九日にマーシャルが主張した「大きな海軍施設」のような軍事目標とは質的に異なる目標である。スティムソンは六月一日に、B29による日本爆撃について、アーノルド空軍司令官といっしょに検討した。そのとき直接アーノルドから「軍需生産と関係のある民間人に大きな損害を与えることなしに戦時生産を破壊することは不可能だということ」を確認していた(一四〇-一四一頁参照)。

スティムソンが、一般住民に「深刻な心理的影響」と「おおきな損害」を与える勧告を、公式にトルーマンに伝えたのは六月六日であった。トルーマンはすでに六月一日、暫定委員会の大統領代理、バーンズ国務長官から勧告の内容を聞いて知っていた。そのとき大統領は「残念なことだが、自分の見る限り唯一の合理的結論は爆弾を使えということだ」と語った。この言葉を引用したアメリカの歴史家マドックスはトルーマンが原爆の実戦使用を「決定」した日付を選ぶとすれば、「一九四五年六月一日が最もよい」と書いている(Robert James Maddox,

Weapons for Victory : The Hiroshima Decision Fifty Years Later, University of Missouri Press, 1995)。

六月一日以降は、いわば軍のルーチンに従って投下作戦の準備が進行していった。グローブスの要請で六月三〇日、統合参謀本部は、京都、広島、小倉、新潟の四都市に対する攻撃禁止命令を各軍に宛てて出した。原爆使用のために留保したのである。

第二回目標検討委員会で説明された広島の選定理由は、陸軍の重要補給基地であり、都市工業地域の中心に位置する物資積出港があること、広範囲に損害を与えるのに適した大きさと地形(隣接して丘陵地があり爆風の被害を大きくする集束作用を生む)である。またアメリカ側の情報機関は、約二十八、九万の住民の間に四万三〇〇〇の兵士がおり、候補都市のうちで一般住民に対する軍人の比率が一番高いことを指摘した。

いずれにしても、それらの理由では、広島を戦略的価値のある「軍事施設」とすることはできない。まして八月二日、第二〇空軍が実施部隊である五〇九混成軍に与えた野戦命令(一三号)では、目標は単に「広島市街地工業地域」とされただけである。後に述べるようにこの段階までに京都がはずされて、長崎が四番目の目標となっていた。この場合にも目標は単に「長崎市街地」であった。まさに無差別爆撃が命じられていた。

原爆投下と日本の降伏

七月二四日、ポツダム会談に出席していたマーシャル陸軍参謀本部長に、留守番役のトーマス・ハンディ本部長代行から電報がとどいた。実施部隊である米戦略航空軍総指揮官カール・スパーツ将軍に宛てた原爆投下命令の即時承認を求めたものであった。命令案は四項目からなるが、その要点は次のようであった。

「一　第二〇航空軍第五〇九混成航空軍は、一九四五年八月三日ごろ以降において、有視界爆撃が可能な天候になり次第、広島、小倉、新潟、長崎のいずれかを目標として、最初の特殊爆弾を投下する。二　追加分の爆弾は、計画担当者による準備が整い次第、前記の目標に対して投下される。三　日本に対するこの兵器の使用は陸軍長官ならびに米国大統領にゆだねられる。四　前記の命令は、陸軍長官ならびに米国陸軍参謀本部長の指示及び承認のもとに貴官に発せられるものである。」(T・T・ハンディ陸軍参謀本部長代行からマーシャル宛(WAR三七六八三)一九四五年七月二四日付)

同時に「広島、小倉および新潟に対する攻撃禁止命令」の解除に関する統合参謀本部(JCS)命令の承認も要請された。トルーマンは命令案を承認し、翌日、スパーツは実施部隊である五〇九混成群に原爆投下命令を出した。投下命令の直前に、スティムソン陸軍長官の反対により京都が投下目標からはずされた。スティムソンは京都を外した理由を次のように説明した。「ソ連が満州を侵攻する場合の備えとしてアメリカ寄りの日本を作るという目的を、〔京都に対する原爆攻撃が〕阻害する要因となる」(『日記』二四日付)ことをおそれたからだと。

トルーマンは「〔原爆投下の〕決定の日付は自分がスターリンに告げた七月二四日で、その日おそく自分はスターリンに原爆について話した」と述べている。確かに、この日トルーマンは「前例のない破壊力を持った兵器」をもっていることをスターリンに告げ、これを聞いたスターリンは中断していた原爆開発の再開を命じた。七月二四日は、広島、長崎に対する原爆投下ばかりでなく、米ソ核兵器競争にもあらためてゴーサインが出された日である。

原爆の効果は、①爆発のときに発生する衝撃波の強烈な破壊力、②熱線による強力な焼夷力、③爆発と同時に発生する初期放射線と、長期にわたり地上に存在する残留放射線による長期的持続的被害、この三つの複合的相乗的な被害である。その被害は現在でもつづいており、また被爆者手当の支給の前提となる被爆の実態と認定については、被爆者により全国的な集団訴訟が起こされている。被爆の実態の究明と補償は今でも大きな争点になっているのである。

投下決定の「軽さ」

トルーマンの報道担当秘書官補佐だったイーベン・A・アイヤーズが、一九五一年にトルーマンの原爆投下決定に関する記録を探した。トルーマン日記(原本)やマンハッタン計画の記録についても調査したが、何もでなかったという。アイヤーズは、投下命令は「スティムソンその他との会談で達した口頭での決定にほかならない」と結論した。

軍の最高司令官であり、命令権者であるトルーマンが投下命令の承認を口頭で行っただけだとすれば、それはトルーマンが原爆の対日投下が「熟慮を必要とする問題ではない」(アイヤーズ)と考えたからであろう。大統領付きの参謀長レイヒ提督の副官ジョージ・M・エルゼイは後年のインタビューで「大統領自身」を含む最高首脳の間では「爆弾の使用は自明のこと」だった。「大きな問題は爆弾を使うかどうか」ではない、「爆弾がうまく作動するかどうか。それが問題だった」と言っている(J. Samuel Walker, *Prompt & Utter Destruction : Truman and the Use of Atomic Bombs against Japan*, University of North Carolina Press, 1997)。

原爆ができたら日本に落とすことは、ハイドパーク協定でルーズベルトとチャーチルによって決められていた(一四八頁参照)。バートン・バーンシュタインの説に従えば、この決定は「ルーズベルトの遺産」として彼の後継者に受け継がれ、原爆を実戦に使用すべきかどうかが原点に戻って問い直されることはなかった。トルーマン大統領をふくめて政府・軍の最高指導者たちは「ルーズベルトの遺産」に縛られていた。この説は多くの歴史家が受け入れている(Barton Bernstein, Roosevelt, Truman, and the Atomic Bomb, *Political Science Quarterly*, Vol. 90. No. 1, 1975)。

しかし原爆の完成間際には、実戦使用に危惧を感じる人々の動きが活発になった。とくにマンハッタン計画に参加した科学者にはナチズムやファシズムから逃れてきた亡命科学者が多かった。彼らはドイツ降伏後も原爆開発をつづけることに不安をもち、実戦使用以外の選択肢を主張し始めた。代表的な意見が一九四五年六月初めに書かれた「フランク報告」である。

ナチスに追われたノーベル物理学賞受賞者ジェームズ・フランクが主宰した、六人の科学者たちの検討会の成果であった。報告は「もし合衆国が最初に、この新しい無差別破壊手段を人類に対して使えば、合衆国は全世界の人々の支持を失い、軍備競争を促進し、将来そのような兵器の管理に関する国際協定に達する可能性をそこなうことになるであろう」と予言し、砂漠か不毛の島で示威実験を行うことを提唱した。実験は国際連合(六月二日国連憲章成立)のすべての国々の代表者の前で行い、もし国連や国内世論の認可がえられれば実験後に日本に対し降伏するか、爆撃地域を無人にするかを要求する最後通告を出せという勧告であった。しかしスティムソンら暫定委員会のメンバーは、原爆の実戦使用の可否をあらためて問い直すことをしないで、フランクたちの勧告を拒否した。

トルーマンが原爆投下命令の承認を口頭だけで行ったらしいこと、原爆投下の命令書にはマーシャル参謀本部長とスティムソン陸軍長官の指示と承認のみが記されていること、スティムソンが実戦使用に代わる選択肢の検討を拒絶したこと、彼らが「ルーズベルトの遺産」に縛られていたことなどをかさね合わせると、投下決定の重み——数十万の人々を殺すことに対する畏怖をアメリカの最高指導者たちが、どれだけ身にしみて感じていたか、大きな疑問を感じざるをえない。広島・長崎への原爆投下の結果、一九四五年が終わるまでに死んだ被爆者は二二万人前後と推定されている。世界の軍事史でもまれな大殺戮である。

原爆投下に対するトルーマンの説明

しかし一般市民に与えた被害の「重さ」と対照的な、投下決定の「軽さ」はこれで終わらない。スパーツに対するマーシャル、スティムソンの投下命令は文書化されていたが、それさえ口頭ですまされる可能性が強かった。七月二四日にトルーマンが承認した投下命令は、七月一八日にグローブス・マンハッタン計画司令官とハンディ参謀本部長代行との会談で決まった作戦案を文書化したものであるが、文書化されたことには、次のような経緯が伝えられている。

七月一九日、グローブスは、戦略空軍司令官カール・スパーツに必要な背景情報と、ハンディと話し合った作戦プランを知らせた。しかしスパーツは、命令の文書化を要求した。「自分は口頭の命令で原爆を落としたくなかった――書面であるべきだ」とのちに述べている。スパーツは次のように考えたのである。自分の部隊が、最初の原爆を人口密集都市に投じたことは、歴史に残るであろう、グローブスとハンディの非公式な会談以外の何ものでもない決定を基礎にして責任を取らされるのはごめんだと。そこで彼は、リスクのある事柄では自分の背後を守っておくという軍の伝統的保身術に訴え、命令を書類で受けとることを要求した。スパーツの保身術がなければ、書類なしに原爆投下が命じられたかもしれなかった。

トルーマンの七月二五日の日記に次の文章がある。

「この兵器は、今日と八月一〇日との間に、日本に対して使われることになる。私は陸軍長官スティムソン氏に、目標は女や子どもではなく、軍事目標と兵士や水兵であるように原爆を使えと話した。ジャップが野蛮で残忍、無慈悲で狂信的であったとしても、共通の福祉のための世界の指導者として、この恐るべき爆弾を古い都〔京都〕と新しい都〔東京〕に落とすことはできない。」

この殊勝な記述が真実のすべてを伝えたものではないことは、多くの人たちが指摘している。一九九二年に『トルーマン伝』を書いたデビッド・マッカラフは、この「嘘っぽさ」についてトルーマンの天成の楽天主義の表われか、自己欺瞞か、あるいはその両方か、単に戦争終結に役立てようとしたのか疑問だらけだと述べている(David McCullough, *Truman*, Stimon & Schuster, 1992)。またこれに該当する記述が、京都についての記述以外には、当日のスティムソン日記はじめ、当時トルーマンの周辺にいた人たちの記録にないことも不思議である。

同じ日本人の「野蛮」を問題にしながらも、トルーマンの素顔をうかがわせる手紙がある。原爆の使用に抗議した全米教会連合書記サムエル・M・カヴィートに宛てたトルーマンの手紙である(八月一一日付)。

「原爆使用をめぐって誰よりも悩んだのは、私自身なのです。しかしそれ以上に私を悩ませたのは、日本人による許しがたい真珠湾攻撃と戦争捕虜の殺害です。彼らが解すると見られる唯一の言葉は、われわれが爆撃という手段を通じて、彼らに使ってきた言葉だけなのです。野獣を相手としなければならないときには、野獣を野獣として取り扱わなければならないのです。」

トルーマンの発言は、原爆投下を野獣の行為とすることで自らをも野獣のレベルにおとしめている。野獣に対しては人間的な言語は通用しない、彼らに通用するのは、彼らを圧倒できる破壊的暴力だけである。こう説明することで、トルーマンは爆撃を野獣レベルの行為と規定したのである。

原爆神話の形成とトルーマン

原爆投下作戦が実施の段階に入った七月一八日以降の過程を検証してみると、トルーマンのイニシアチブをうかがうことはできない。命令権者として投下命令に名前を記載されているスティムソンとマーシャルにしても、作戦の立案と実行にリーダーシップを発揮した形跡はない。統合参謀本部の一員であった米海軍総司令官キング提督にいたっては、爆弾が使われるだろうということを論議なしに知らされ、相談にはあずからなかったと回想している。

投下作戦は、グローブスとハンディという二級の軍官僚のもとで事実上決定され、実行に移された。それは戦争を通じて巨大な軍官僚制のメカニズムが形づくられ、そのメカニズムによって、戦争が遂行されたことを物語るように思われる。メカニズムを熟知したスパーツが官僚的保身術として文書を要求したことも、その表われであろう。トルーマンが命令への関与を口頭のみにとどめたのも、前大統領の急死というハプニングで戦時大統領となった自分が、まず尊重しなければならないのは、軍のメカニズムであると思い込んだせいかもしれない。

それにもかかわらず、軍メカニズムの頂点にいるトルーマンに、原爆投下の最高責任があることはいうまでもない。七月二四日の命令書も、原爆の対日使用が陸軍長官と大統領に委任されたと明記している。八月八日、広島投下の結果について知らされて、トルーマンはそのような破壊は自分と陸軍省に恐ろしいほどの責任を負わせるものだと憂鬱そうに語った。トルーマンが自分の責任を痛感していたことを示す記述である(『スティムソン日記』)。

八月九日、トルーマンはラジオ演説で原爆の投下理由を説明した。

「爆弾を獲得したので、われわれはそれを使用しました。われわれは、真珠湾で無警告爆撃をおこなったものたち、アメリカの捕虜を餓死させ、殴打し、処刑したものたち、戦時の国際法に従うすべての虚飾をもかなぐり捨てたものたちに対して、原子爆弾を使用したのです。われわれは、戦争の苦痛の期間を短くするために、若いアメリカ人の多数の生命を救うために、それを使用したのです。」

ここでトルーマンがあげた投下理由は二つである。一つは日本の犯した国際法違反の行為であるが、広島、長崎で被害を受けたのは軍人だけでなく、大部分は民間人であり、そのうちには多くの女性、子ども、老人など「無辜《むこ》」の人々が含まれている。国際法違反はこれらの人々まで無差別かつ大量に殺す理由にはならない。

第二の理由は、原爆が多くの命を奪ったことではなく、逆に多くのアメリカ兵の生命を救ったことを強調する、早期終戦・人命節約論である。のちには、救われたのはアメリカ兵だけでなく大勢の日本人の生命も救われたのだという主張にまで発展する（詳しくは、荒井『戦争責任論——現代史からの問い』岩波現代文庫、二〇〇六年を参照）。

トルーマンが大統領に就任してから一カ月足らずのうちに、ドイツが降伏した。兵士のヨーロッパからの帰還を望む世論は強かった。しかし、対日戦のための極東への移動や訓練のため、そうした世論の期待に応えることはできなかった。したがって、兵士の復員問題は、トルーマンにとって頭の痛い政治課題となっていた。早期終戦・人命節約論は原爆が多くの兵士の命を救い、彼らが無事に故郷に帰れるようにしたのだというアピールでもあった。のちにトルーマンは、投下理由説明の内幕をみずから語っている。

「私は（投下）決定について、まったく何の疑問も持たなかった。それは単純な理由からで、原爆を二発ほど落とせば、戦争は終結するだろうと信じられていたからである。日本人の戦争のやり方はひどくて残虐なほど野蛮だったので、もし二五万人の若いアメリカ人の生命が救われるならば、原爆は投下されるべきだという結論に私は達したのだし、事実そうだった。」

数十万の若者たちが、原爆のおかげで命をながらえて無事に家庭に戻ってくるという朗報を、アメリカ社会は大歓迎した。早期終戦・人命節約論はアメリカの大衆にスムーズに受け入れられたし、社会の納得する投下理由として戦後史のなかで実体化していった。またトルーマンはその方向に世論を誘導し、原爆が人道的で平和をもたらす兵器であるとする「原爆神話」の形成に大きな役割を果たすのである。

原爆神話は、核兵器に対する依存が進行する戦後状況のなかで、さらに発展してゆく。一方、もうひとつの投下理由、日本軍の国際法違反の問題は、講和条約以後の日本政府が違反の事実を認めたがらず、積極的に対応しなかったことで日米関係に底流してゆく。とくにアメリカ兵捕虜が日本軍の細菌兵器の人体実験に使われたらしいという疑惑が、米議会で取り上げられた一九八〇年代からはさまざまなかたちで捕虜虐待の問題が表面化した。現在でも、日本の誠実な対応が望まれる問題となっている。

第五章 民族の抵抗と空戦テクノロジー

——「脱植民地」時代の空爆

米軍によるサイゴン南部の村へのナパーム弾の爆撃
(1965年　米国立公文書館所蔵)

1　抹殺される空爆の記憶

連合国とイタリアの戦争犯罪

アメリカの歴史家マーク・セルデンは「忘れられたホロコースト」という論文のなかで、「戦争の破壊力を制限し、国家と軍指導者に戦争法違反の責任をとらせる国際的な試みと、大国がこれらの原則を体系的にふみにじったこととのあいだの矛盾は、二〇世紀において特筆すべき事実であった」と述べている(Mark Selden, Forgotten Holocaust, *Japan Focus*, 2007/05/12)。

この矛盾は、すでに大戦中にイタリアの戦争犯罪問題をめぐり表面化していた。イタリアでは一九四三年七月二五日、クーデターが起こり、ムッソリーニが逮捕されて軍部のバドリオ将軍が首相となった。九月には連合国と休戦し、さらに無条件降伏して戦争から離脱した。しかしローマをはじめ、イタリアの北半分は、まだドイツ軍の占領下にあった。連合国はイタリアの参戦をのぞみ、その結果、イタリアはドイツに宣戦し、攻守ところをかえて連合国の「共同参戦国」として終戦を迎えることになった。

バドリオは、一九四四年六月にローマが解放されるまで首相の座にとどまった。しかし彼はかつてイタリア軍総司令官として、エチオピアでの毒ガスの使用をはじめ、赤十字の爆撃など当時の国際基準に違反するさまざまな残虐行為に責任があった。クーデター直後の七月二八日、ルーズベルト米大統領は「〔ムッソリーニと〕彼のファシスト・ギャングを拘禁し、人道に対する罪で処罰すべきだ」と宣言していた。

しかしバドリオの連合国への貢献を期待するヨーロッパ遠征軍総司令官アイゼンハワーの反対にあい、ルーズベルトは一夜にして態度を変えた。七月三〇日、ルーズベルトはチャーチルに告げた。「われわれの意見では、近い将来に「悪魔の頭目〔ムッソリーニ〕」を捕まえるため努力することは、イタリアを戦争から抜けださせるという主目的を邪魔する。しかるべき時を待って、彼と共犯者たちの身柄を確保し、処罰に値する罪の程度を決めればよい」。

「悪魔の頭目」ムッソリーニはスイスに逃れる途中、パルチザンに処刑され、死体はミラノでさらしものにされた（一九四五年四月）。イタリア人みずからがファシスト犯罪を裁いたことになる。それでは連合国は、エチオピアでのイタリアの戦争犯罪にどのように対処したのか。

一九四三年一〇月、イタリアが「共同参戦国」になると米英ソ三国は「戦争犯罪人として明白なまたはその疑いのあるファシスト党幹部と軍将官は逮捕され、裁判にかけられるであろう」（「イタリアについての声明」）と声明した。おなじころ連合国は、ロンドンで連合国戦争犯罪委員会（UNWCC）を発足させ、残虐行為に責任ある戦争犯罪人の処罰について検討を始めた。米英ソ三国は翌月、モスクワ宣言で、ドイツによる残虐行為の責任者を、犯行の行われた現地国で裁判にかけるという原則を宣言した。宣言を準用すれば、バドリオはエチオピアで戦犯裁判にかけられるべきであった。だがエチオピアはまだ英軍の占領中であったので、自国で戦犯裁判を行うためにはUNWCCに加わり、裁判手続きや誰を訴追するかについて主張する機会が必要であった。

しかしイギリスはUNWCCへのエチオピアの参加を拒否した。連合国が処罰の対象とする戦争犯罪は、英仏がドイツに宣戦布告をした一九三九年九月三日にはじまる「現在の戦争」で犯されたものにかぎるが、エチオピアでの犯行の大部分はその以前に遂行されたというのが公式の理由であった。しかし、この理由はこじつけに近い。連合国は、中国の場合には三九年九月以前に遂行された日本の戦争犯罪をも裁いているからである。

当時の英外務省法務官サー・ハーバート・マルキンの書いた法律的所見が真の理由を明かしている。「エチオピアが戦争犯罪委員会に代表をおくる目的は、エチオピア戦争中にイタリアが犯したにちがいない犯罪を提訴するためだと思う。しかしこれはいくつかの理由からまったく問題外だ。理由のひとつは、多分リストの最初にあげられるのがバドリオ将軍だからだ」。中国との違いについては「唯一の問題は、大戦のずっと前からつづいてきた武力紛争中に犯された犯罪について、どこまでさかのぼれるかである。エチオピアの場合にはまったく別の戦争のなかで犯された犯罪だ」と述べ、征服者であるイタリアの論理を肯定し、占領中にも一貫してつづけられたエチオピア人の独立戦争を無視した。大国の植民地主義的論理を丸出しにした議論というべきであろう。

イタリアと連合国の講和条約は、一九四七年二月に成立した。重要なことは講和条約によって終結する戦争の始期を、イタリアによるエチオピア侵略の始まる三五年一〇月三日と規定したことである。これで、エチオピア戦争が第二次大戦とは「別の戦争」だという主張はくずれた。さらにイタリアは戦犯を裁判にかけるために逮捕し連合国に身柄を引き渡すことを講和条約で約束していた（第四五条）。エチオピアの戦争犯罪委員会はさっそく一〇人の戦犯リストをつくり、ロンドンのＵＮＷＣＣに提出し、八人を容疑者、二人を証人として認定させた。

最後の難関は、エチオピアと国交がないという理由で、イタリア政府が容疑者の身柄引き渡しを拒んだことであった。イギリス政府も仲介を拒んだ。エチオピアは、戦犯リストを二人――バドリオとグラチアーニにしぼったが無駄であった。グラチアーニはイタリア政府によって起訴されたが、訴因はイタリア降伏後にドイツに協力したことを罪としたものであって、エチオピアにおける戦争犯罪ではなかった。一九五〇年五月、禁固一九年の判決を宣告されたが、翌年すぐ釈放され、五五年に天寿を全うした。バドリオはついに裁かれなかったが、その大きな理由はイタリアの頑強な反対であった。アジスアベバ大学のリチャード・パンクハーストは次のように書いている（リチャードはシルヴィアの息子）。

「戦後のイタリアはエチオピアでイタリア国民により戦争犯罪がおかされた事実と向きあおうとしなかった。戦犯リストにあげられていたジュリエルモ・ナシ将軍（エチオピア占領当時のハラール州総督）が一九五〇年二月にイタリア政府によりソマリア信託統治総督に指名され、国際的な反対にあってはじめて指名が撤回されたことが特徴的である。また事件から六〇年もたった一九九六年になり、イタリアの国防相がやっとエチオピアでのイタリア空軍の毒ガス使用を認めたことも、それにおとらず特徴的であった。」（Richard Pankhurst, Itlian Fascist War Crimes in Ethiopia：A History of Their Discussion, from the League of Nations to the United Nations（1936-1940）, *Northeast African Studies*, Vol. 6, No. 1-2, 1999）

大戦後、ドイツの戦争犯罪を裁いたニュルンベルク国際軍事法廷に対し、ゲルニカ爆撃の被害者を代表して、ニューヨークに亡命中のバスク州政府が裁判で取り上げることを要求した。この場合にもエチオピアと同様、一九三九年九月にはじまる「現在の戦争」で犯されたものではないからという理由で訴追は実現しなかった。

ニュルンベルク裁判で戦争犯罪訴追主席顧問であったテルフォード・テイラーは、ニュルンベルク裁判から二五年後の一九七〇年に都市爆撃に言及して次のように指摘した。

「双方が都市破壊のゲーム――連合軍のほうがはるかに成功をおさめた――を演じたので、ドイツや日本を訴追する根拠がなく（中略）事実そのような訴追は持ち出されなかった。（中略）連合国側も枢軸国側も空爆をきわめて広範かつ残酷におこなったので、ニュルンベルクでも東京でも、この問題は戦犯裁判の一部にもならなかった。」（Selden 前出論文より引用）

日本軍による米軍爆撃隊員の処刑

無差別空爆の実行者が裁かれた例として有名なのは、日本軍の開設した軍律法廷である。きっかけは、一九四二年四月一八日、太平洋上の米空母から発進したドゥーリトル爆撃隊による日本本土空襲である。太平洋上の米空母から発進したB25爆撃機が、東京や名古屋を爆撃したあと中国大陸に離脱した事件である。

中国奥地の基地をめざした爆撃機のうち二機が途中で撃墜または不時着、その乗員八人が支那派遣軍に捕獲され、東京の防衛総司令部に送られた。普通であれば捕虜（当時の日本軍の用語では俘虜《ふりょ》）として国際法の保護下におかれるはずであった。太平洋戦争の開始後、日本は連合国に対し捕虜の待遇に関する国際法規の「準用」を通告していた。

しかし参謀本部は、捕獲したB25の乗員に対する厳罰処分を主張した。当時、作戦課作戦班長であった辻政信中佐が、乗員の取調べに当たった東京憲兵隊の幹部に対し「みなあれ殺してくれ」「空襲を防止するために、日本に行って爆撃したらみな殺されるという印象をアメリカに与えたい」と語った事実が報告されている。憲兵司令官が参謀総長に送った取調べ報告には、「逮捕搭乗員の処置に対する憲兵隊司令官の所見」という文書が添付され、空襲隊員を捕虜とみず国際法違反に擬し、厳罰に処すべきだとする意見が具申されていた(北博昭「空襲軍律の成立過程」『新防衛論集』第一四巻第二号、一九八六年一〇月)。

この意見の延長上で空襲軍律がつくられるが、「所見」のなかにある「国際法違反に擬し」がキーワードである。「擬する」には「見せかける、なぞらえる」の意味がある。条約上、捕虜は、戦闘外におかれた非戦闘員として、基本的には保護の対象である。したがって捕虜を厳重処分するには、捕虜条約(一九二九年)の保護規定を無効化できるだけの国際法上の理由を諸外国に示す必要があった。東条英機陸相は、捕虜の厳重処分が在米の日本人に対する報復を招くことをおそれていた。その面からも国際的に説明できる法的理由が必要と考えられた。

そこで陸軍が注目したのが前述の「空戦規則」であった。戦時国際法に違反すれば、通常の戦争犯罪として処罰が可能となる。陸軍次官は「戦時国際法に違反せざるものは俘虜として取り扱い、これに違反の所為ありたるものは戦時重罪犯として処断す」と処罰方針を通達し、捕獲した「敵航空機搭乗員」を戦争犯罪人として軍律会議に送ることを、各軍各方面軍司令官に求めた。そして空襲軍律のモデル案文に軍罰の対象となる「違反の所為」として、若干の改変はあるが基本的には「空戦規則」第二二、二四条にそった内容を掲げ、無差別爆撃が国際法上で不法行為とされる根拠とした。その結果、ドゥーリトル隊員八人は支那派遣軍に還送され、派遣軍に属する第一三軍が開いた軍律会議において、無差別爆撃で死罰を言い渡された。そのうち五人はのちに減刑されたが、三人は銃殺された。

当時の陸軍省兵務局長田中隆吉少将は、空襲軍律による米空襲隊員の処刑について「アメリカ人飛行士を処刑する政策は、日本国内もしくは日本の支配下にある他の地域で捕えられたアメリカ人飛行士は処刑されるのだ、という認識を定着させることを目的とし、それによって空軍の日本爆撃意欲が低下するであろうとの期待によるものであった」と述べている。

空襲軍律により設置された軍律法廷として有名なのは、一九四五年五月一四日の名古屋爆撃のとき陸軍に捕獲された一一人の搭乗員に死罪を課した、第一三方面軍(東海軍)の軍律法廷である。検察官を務めた陸軍の法務将校たちは、戦後のBC級戦犯裁判(横浜法廷)に捕虜虐待で起訴されて有罪判決を受けた。裁判では、軍律法廷を公正かつ適法な裁判と認めなかった。それは、審判の所要時間がきわめて短く、審判手続きも簡略で弁護人もつかず上訴もできないなど、審判されるもの(アメリカの飛行士)に対する人権的な手続きを欠くと見られたからであった。

確かに軍律法廷には、アメリカの空襲を抑止する威嚇的なねらいがあった。しかし、軍の作戦行動、または占領権力の行使の一部として占領地の治安維持、または自国軍の安全をはかるために軍律を制定し、違反者を裁判にかけること自体は国際法上で適法とされている(北博昭『軍律法廷――戦時下の知られざる裁判』朝日選書、一九九七年)。

横浜裁判でアメリカ側は、名古屋に対する爆撃は、「特定の軍事施設」への爆撃であったと主張した。この主張どおりであれば、捕獲された搭乗員たちの身分は「捕虜」であり、軍律法廷の処断は国際法違反となる。一方、軍律法廷の検察官であった伊藤信男元法務少佐は、横浜法廷で「五月一四日の空襲が無差別爆撃であったことは、その結果をみても疑いを要せぬ事実である。(中略)搭乗員たちも、軍事目標を爆撃せよという命令を受けたと一応は述べているが、無差別爆撃の意思があったことは否認していない。被害の状況は、何よりも有力に之を証明している」と弁明している。当時の名古屋市の集計によれば空襲による死者三三八人、全焼家屋二万一二一一戸であった。

「空戦規則」には、ビラまきなど宣伝流布のために飛行機を使った場合には乗員が「その理由により捕虜としての権利を奪われることがない」(第二一条)と明記する一方、軍事目標主義に違反したことで生じた身体または財産の損害については、交戦国の士官または軍隊の賠償責任を規定している(第二四条⑤)。無差別爆撃を行った飛行機の搭乗員が、捕虜としての権利を主張できないことは明らかであり、その場合には横浜法廷の訴因自体が成立するかどうかが疑わしくなるのではないか。名古屋空襲の実態の検証があらためて必要となるように思われる。

ジュネーヴ条約と冷戦

先に述べたように、第一次大戦後には、戦争中に出現した新しい戦争手段や戦争方法に対応するため、国際人道法(戦争法)の改訂が行われた。第二次大戦後にも同様の努力が試みられたことは事実である。空爆を不問に付したニュルンベルク裁判にしても、法理論上では「地域爆撃およびテロ爆撃」を取り上げることは十分に可能であった。裁判所の構成や管轄を定めた国際軍事裁判所(IMT)憲章(一九四五年八月八日)では、「戦争犯罪」に「軍事的必要により正当化されない都市、町または村落の不当な破壊または荒廃」を含み、「人道に対する罪」には「すべての民間住民に対して行われた非人道的行為」が含まれている。それにもかかわらず裁判の実際においては空爆に関してこれらの規定が無視された。法の不備のみが原因ではない。むしろ問題は、戦後処理にあたった戦勝国の政治的態度にあったとみるべきである。

IMT憲章が「人道に対する罪」「平和に対する罪」を設けたことは、第二次大戦の経験を戦争法に反映させる画期的な試みであった。国際人道法についても同様の試みがなされた。一九四九年に成立する「戦争犠牲者等の保護に関するジュネーヴ四条約」は、戦後処理の性格をおびた戦争法改訂の「頂点」（藤田久一）とされるものである。

そのうち「地域爆撃およびテロ爆撃」に関してとくに問題となるのは、犠牲者である文民保護に関する「第四条約」であった。武力紛争時の文民保護についてこまかく規定したが、無差別爆撃から明確に一般住民を保護する明文規定は、そこにはなかった。のちに一九七七年の「国際的武力紛争の犠牲者の保護に関する追加議定書」（第一議定書）が保護規定を空戦に適用し、非戦闘員を攻撃の対象とすることを禁止したことと比べると、この限界はきわめて明白である。敗戦国のドイツと日本が起草に参加できず、無差別爆撃のもっとも過酷な被害体験が反映されなかったことが大きな理由であろう。同時に人道的な条約改定をリードすべき戦勝国の態度が、きわめて消極的であったことも指摘しておかなければならない。

「核の時代」の論理

大戦で出現した新兵器のうち、戦後の世界にもっとも大きな影響を与えたのは原爆であった。戦争直後には、一国の主権の範囲を越えた被害を及ぼす原爆は、当然、国際管理に委ねられるべきだと考えられた。一九四六年に発足した国際連合の最初の総会決議は、「原子力の発見にともなう諸問題に対処する委員会の設立」であった。決議には「原子兵器および、すべてのその他の大量破壊兵器の個別国家の防衛からの廃棄」が書きこまれた。国連総会は原子力の国際管理とともに、すべての国に原爆を含む大量破壊兵器の廃棄を求めた。

しかし原爆を開発した英米は、原爆を独占し戦後の世界秩序を管理しようとして、原子力の国際管理に応じなかった。もともと広島・長崎への原爆投下には、戦後世界とくにソ連に対し、アメリカの圧倒的な強さを見せつけるねらいがあった（一四七―一四九頁参照）。一方、ソ連は、広島への原爆投下を知ると原爆開発を加速し、はやくも一九四九年には原爆保有を公表した。

原爆によって、アメリカは世界を管理しようとし、一方、ソ連はアメリカの覇権に対抗しようとしたので、核兵器が米ソ対立を頂点とする冷戦の主要な手段となった。一九五〇年、トルーマン大統領は、最大の人口密集地でも一発で破壊できる水素爆弾の開発を指令し、対ソ優位を確保しようとした。ソ連もこれに対抗したので五〇年代の核兵器開発競争は、水爆を中心に戦略爆撃機や核ミサイルなど運搬手段の開発をめぐり激化した。

一九五四年、アメリカがマーシャル諸島のビキニ環礁で行った水爆実験の際に発生した「死の灰」によって、日本のマグロ漁船が被曝し、多数の乗組員が死傷した（第五福竜丸事件）。漁船は、指定された危険水域の三五キロかなたで操業していた。一方、ソ連は一九五七年、人工衛星スプートニクの打ち上げに成功した。アメリカ本土を直撃できる大陸間弾道弾（ＩＣＢＭ）の開発に先行していることを示した。

このような核軍拡競争のなかで、相互に核兵器とその運搬手段を開発することが相手に「全面戦争（general war）」を断念させるという「核抑止論」がしだいに形作られてゆく。核戦争の準備そのものが核戦争を抑止し、平和の維持に貢献するという倒錯した論理に依存した立論である。

しかし第五福竜丸の犠牲は、あらためて世界の世論に、核戦争が文民どころか人類そのものの滅亡に通じかねないことを教えた。一九五五年には二人の科学者ラッセルとアインシュタインによって「私たちは人類に絶滅をもたらすか、それとも人類が戦争を放棄するか」という訴え、「ラッセル＝アインシュタイン宣言」が公表された。また一九六二年には、ソ連がキューバに核ミサイルを配備しようとしたことから始まるキューバ危機が起こる。それによって、米ソの軍事的対決――核戦争の危険が現実に痛感された。これらの事件を通じて無制限な核軍拡競争が転換期をむかえ、「核の均衡」によってかろうじて米ソの正面衝突を避ける「軍備管理」の時代になる。

筆者は、核兵器によって世界の平和が管理されるこの時代を「核の時代」と呼ぶことにしている。「核の時代」は一見平和な時代に見えるが、けっしてそうではなかった。米ソの軍事的対立を背景として世界の各地で軍事政権が生まれ、民族解放運動に対する武力弾圧や内戦が行われた。そしてこれらの武力紛争――通常兵器を主要戦争手段とする「限定戦争（limited war）」では、しばしば残虐な空爆が繰り返され、一般住民の犠牲もおびただしいものとなった。

2　朝鮮戦争と核の誘惑

朝鮮戦争と空爆

朝鮮戦争は、朝鮮半島の統一をめぐる南北間の対立を契機として一九五〇年六月に始まり、五三年七月の休戦協定によって戦火がおさまる。いまだに平和条約の締結がなされず、朝鮮半島の非核化が六者協議の課題となっている状況である。ここでは戦争と空爆の問題に限って考えてみたい。

三八度線で分断された朝鮮半島で戦争が始まったとき、アメリカ空軍（USAF）の参謀長ホイト・ヴァンデンバークは、グアム島のB29部隊をただちに沖縄の嘉手納基地に移動させた。七月には別のB29グループの一隊が東京の横田基地に、別の一隊は嘉手納に移動した。

横田基地には、マッカーサーの連合国軍総司令部（GHQ）のもとで防空を主な任務とする極東空軍（FEAF）がおかれていたが、FEAFはいまや朝鮮に対する空戦の責任をも負うことになった。両基地には中型爆撃機も配備された。北朝鮮（朝鮮民主主義人民共和国）に対する戦略爆撃の実行は、日本の基地なしには不可能であった。

一九五四年に、極東空軍の情報部次長ドン・ジンマーマンは戦争中の爆撃を総括して、「北

表5-1　爆撃による北朝鮮都市の破壊率　（単位：％）

南浦	80	Kyomipo	80
清津	65	ピョンヤン	75
定州	60	沙里院	95
海州	75	新安州	100
咸興	80	新義州	50
興南	85	城津	50
黄州	97	順安	90
江界	60	宣州	60
Kunu-ri	100	元山	80

出所：Conrad C. Crane, *American Airpower Strategy in Korea 1950-1953*

朝鮮の資源にあたえた破壊の程度は、第二次世界大戦中に日本列島にあたえたものよりもおおきい」と書いた。停戦協定成立時のアメリカ側の評価では北朝鮮の主要都市二二のうち一八都市が少なくとも半分以上破壊された（表5-1）。

開戦直後に捕虜となり、戦争の期間の大半を北朝鮮に抑留されていた米第二四師団長ディーン少将は、のちの回想で「自分が見た大部分の町は瓦礫か雪原と化し、残ったわずかの家は軍用品や食料の袋と箱でふくれあがっていた」、また「自分の会った北朝鮮の人は誰にでも、空爆で殺された親族が何人かいた」と、北朝鮮における空爆被害について述べている。

朝鮮戦争の経過は複雑であり、朝鮮半島の北から南にいたるまで戦場となり戦禍を受けた。開戦と同時に三八度線を越えた北朝鮮軍は釜山付近まで迫った。しかし一九五〇年九月にマッカーサーの率いるアメリカ軍が仁川に上陸すると、退路を絶たれた北朝鮮軍は総崩れとなり、韓国南部からの退却を余儀なくされた。一〇月に米韓軍が三八度線を越え、北朝鮮が戦場となると、満州国境の危機を感じた中国は義勇軍の名目で大軍を派遣し、北の領内深く侵入した米軍を撃退した。この段階で、ソ連も武器弾薬に限っていた援助を拡大し、空軍を派遣した。一二月には、トルーマン大統領が非常事態宣言を出し、戦時体制の確立によって戦局を立て直そうとしたが、五一年三月頃から三八度線をはさむ攻防が繰り返され、戦争は行きづまった。六月にはソ連の提案による停戦会談が始まったが、しばしば中断した。

トルーマン大統領の夢

アメリカでは、戦局を打開するため、軍部を中心に戦争拡大論が根強く主張された。ひとつは台湾の国民政府軍の参戦と中国東北部——満州への戦争拡大であり、他の選択肢は原爆の使用であった。どちらも、中ソとの全面戦争と米ソ核戦争の引き金となる危険があった。

拡大論の急先鋒は国連軍司令官マッカーサーであった。ソ連の報復をおそれたNATO諸国、とくにイギリスが強く反対したので、トルーマンも原爆の使用には躊躇せざるをえなかった。マッカーサーは五一年四月、トルーマンにより解任されたが、トルーマン-マッカーサー論争は政界をまき込む大問題となった。

論争の最中にトルーマンは次のような「夢」を日記に記した(Barton J. Bernstein, New Light on the Korean War, *International History Review*, Ⅲ, April 1981)。

「もし中国軍が戦争をやめずソ連が援助しなければ、アメリカは中国を封鎖し満州（東北）にあるすべての軍事基地を破壊し、わが国の平和目的を達成するために必要なあらゆる港または都市をも消滅させるだろう。ソ連がひきさがらなければ全面戦争になるだろう。モスクワ、セント・ペテルスブルグ、ウラヂヴォストック、北京、上海、旅順、大連、オデッサ、スターリングラード、および中国とソ連のすべての製造工場は一掃されるだろう。」（一九五二年一月二七日付）

マッカーサー解任後、軍の強硬派は勝利の決め手として満州の空軍基地爆撃を主張した。しかしトルーマンは、越境爆撃を効果的にするためには中国の諸都市を爆撃しなければならないだろうが、と指摘しつつ次のように書いた。「その場合には二五〇〇万もの無辜の女性、子どもも、非戦闘員を殺すことになるだろう」、一九四五年に自分は原爆投下を命じたが、「私の意見では、それは双方の無意味な死を終らせるためであった。朝鮮とはまったくことなる状況だった。われわれが朝鮮で戦っているのは、大韓民国を設置した国際連合を支援する警察行動だ。私には第三次世界大戦を命令することはできない。私は自分が正しかったことを知っている」（『日記』四月二四日付）。もしこれがトルーマンの本心であれば、トルーマンは国連の管理する平和と、核兵器により管理される平和との葛藤に悩みつつ、かろうじて前者を選択したことになる。

テロ爆撃の復活と核攻撃の危機

朝鮮戦争の「全面戦争」化は避けられたが、「限定戦争」としては最大限の規模で空爆が行われた。当時Ｂ29と原爆を主要兵器とする戦略爆撃集団（ＳＡＣ）の総司令官はカーチス・ルメイであった。日本の基地に移動したＢ29により組織された極東空軍の爆撃機集団は、マッカーサーに「五つの共和国工業センターを焼夷攻撃（fire job）する」許可を要請した。ルメイが日本で行った焼夷弾による大量都市攻撃を、北朝鮮でも再現しようとしたのである。

一一月に中国軍が参戦すると、マッカーサーは北朝鮮の都市に対する本格的な空爆を許可した。一九五一年一月初めにピョンヤンが焼夷弾で攻撃され、市の三五％が焼失した。しかしソ連が供給した改良型ジェット戦闘機ミグ15型機は、アメリカの旧式戦闘機を圧倒する性能を発揮した。上昇速力や上昇高度などに優れ、アメリカの戦闘機を圧倒した。北朝鮮側の防空能力が向上するにつれてＢ29の損害も増え、五一年末にはほとんど夜間しか作戦できなくなった。

一九五二年半ばに停戦協議が中断すると、極東空軍の人民共和国に対する爆撃作戦が再度強化された。この年五月、国連軍司令官はマーク・クラークに代わったが、クラークは停戦協議を再開させるために「空からの圧力」を加える作戦を支持した。圧力により対話を強制する政治的な空爆であった。極東空軍の指令によれば、狙いは「後方支援にあたる一般住民の戦意低

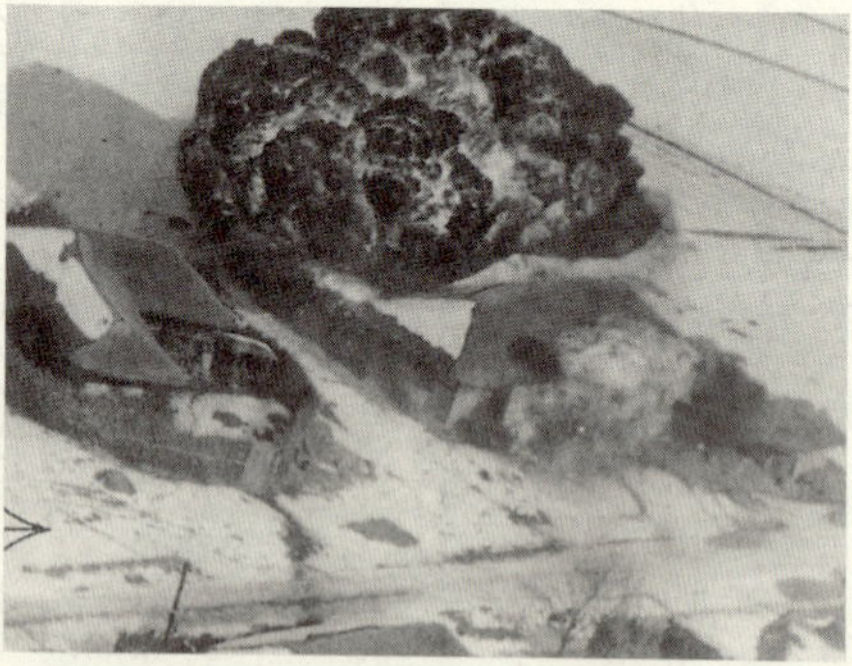

米軍による朝鮮半島中西部の村の農家へのナパーム弾投下
出所：Conrad C. Crane, *American Airpower Strategy in Korea 1950-1953*, University Press of Kansas, 2000

下」をもたらすような地域にある「顕著な軍事目標」であった。前線への補給を断つことが名目とされていたが、実質はテロ爆撃の要素が多かった。「空からの圧力」作戦の登場は、お決まりの空軍のパターン——失敗を取りもどす切り札として市民の戦意に対する効果を強調する——のシグナルであった」(Biddle 前出書)。

最初の目標は、水豊ダムをはじめとする発電所攻撃であった。一九五二年六月二三日、攻撃された一三の発電所のうち、一一は完全に破壊され、北朝鮮は電力の九割を失った。爆撃に参加したのは、横田基地から発進した爆撃機であった。報復爆撃を警戒した米軍の要請で、日本の外務省が横田基地周辺の市町村に対し灯火管制への協力を依頼する一幕もあったという(和田春樹『朝鮮戦争全史』岩波書店、二〇〇二年)。

七月一一日には米軍は一二五四機を出動させて、再びピョンヤンを攻撃した。攻撃には二万三〇〇〇ガロン(約八万七〇〇〇リットル)のナパーム弾が使われた。北朝鮮は「わが国の平和的な町と住民に対する不法な無差別爆撃」として抗議するとともに、爆撃によって破壊された建物一五〇〇、被害人員七〇〇〇と発表した。

朝鮮戦争で目立つのはナパーム弾の使用である。北朝鮮でだけでなく韓国領内での地上戦闘援護のときにも使われた。前頁の写真は一九五一年一月に朝鮮半島中西部の村が攻撃されたときの模様である。農家の後方に落ちたナパーム弾の炎は、かやぶきの木造家屋をたちまち焼きつくした。朝鮮戦争で投下されたナパーム弾の三分の二が中国の参戦後九二日間のうちに使われ、南北双方の市町村が犠牲になった。米陸軍が当時設置した極東軍作戦調査局の研究によれば、ナパーム弾は地上部隊に近接して援護する際にもっとも有効な対人兵器であるが、車両や建物に対しても広範に使われた。とくに戦闘爆撃機のパイロットに好まれたが、それは「村を直撃し、それが炎上するのを見ると何かやったという気になるからであった」。かやぶき屋根の家の攻撃の多くは、軍隊や補給物資の隠匿を名目としたが、そのさい無辜の村民がどのくらい殺されたかは空からは確認できなかった(Crane 前出書)。

水豊ダムやピョンヤン爆撃は北朝鮮にとって大打撃であった。アメリカが新鋭の戦闘機F86セーバーを護衛機とし、また完全に夜間爆撃に切り替えたこともあって、ソ連空軍は爆撃を阻止できなかった。ソ連戦闘機の撃墜される割合も増えた。金日成はなお戦争継続への意思を捨てなかったが、八月二九日にピョンヤンがまた空爆され市街はほぼ壊滅した。これらの動きは他の諸条件と相まって、停戦への動きを加速した。しかし翌年七月の停戦協定締結までにはまだ紆余曲折があり、またスターリンの死〈一九五三年三月〉を待たなければならなかった。「限定戦争」で空軍が大きな役割を果したことは否定できないが、「われわれは朝鮮の北でも南でもすべての都市を炎上させた。われわれは百万以上の民間人を殺し数百万人以上を家から追い払った」というルメイの豪語が本当であれば、南北を問わずおびただしい犠牲を一般住民に負わせたことになる。

朝鮮戦争の最終局面では、水豊ダムや首都の爆撃が一定の役割を果したが、戦争全体としては地上戦闘に対する近接支援、すなわち戦術爆撃が空軍の中心的役割であった。戦闘爆撃機の利用も目立つし、戦闘爆撃機に小型の戦術核兵器を搭載する計画も進んでいた。開戦時には空軍の主役と自負した戦略爆撃集団(ＳＡＣ)は、もともとソ連との全面戦争を想定していたため、朝鮮の現実にうまく適応できなかった。

原爆の使用は差し止められていたが、しかしアメリカが原爆の使用に踏み切る危険性は常に存在したといっても過言ではない。一九五二年の大統領選挙でアイゼンハワーが大統領となった。五三年四月には核兵器の使用を含む中国と満州への爆撃方針を大統領が承認し、五月にはダレス国務長官がインドのネルー首相に核使用の可能性があることを伝えた。七月二三日に停戦協定が成立したため、核戦争は現実化しなかったが、北朝鮮はこの戦争でたえず核攻撃の危機を感じていた。その記憶は、今日の核問題をめぐる北朝鮮の態度にも投影している。

3　ベトナム戦争——多様化する空戦テクノロジー

ゲリラ戦——役に立たないジェット機

一九五〇年代は「脱植民地化」の時代と言われる。植民地の側から言えば、民族独立闘争と解放の時代であった。本国が植民地帝国の維持にしがみついたときには、しばしば独立戦争に発展し、戦闘の形態としてはゲリラ戦が主流となった。

イギリス領マラヤでは戦後すぐ、マラヤ民族解放軍が結成されたが、ジャングルにこもった独立軍に対しイギリス空軍の加えた空爆はほとんど効果がなかった。空軍の役割は地上部隊の支援——補給物資の投下、偵察、近接支援などに限定されざるをえなかった。一九五三年からはヘリコプターが導入されたが、新鋭のジェット機よりも老朽化した速度の遅いプロペラ機のほうが役に立った。

この後に述べるアルジェリア戦争でも新鋭のジェット戦闘爆撃機よりも、アメリカ製の旧型練習機T6がはるかに役に立った。T6は安価でメンテナンスが容易であったうえ、最高時速でも二〇〇キロを超えなかったので、低空から時間をかけて地上を偵察し、ゲリラの動きを探知して攻撃できた。ある将校の言葉を借りれば「〔ジェット機は〕現代の全面戦争のためにデザインされ、デザインは全面戦争向きに作られたが、対ゲリラ戦のためには逆効果であることが多かった」(James Corum and Wray R. Johnson 前出書)。

皮肉なことには、超大国が「大量報復戦略」を唱え、地球的な規模の損害を引き起こす水爆や戦略爆撃機、ミサイルなどの大量破壊兵器の開発に狂奔していた一九五〇年代に、植民地主義の側からは旧型機の有効性があらためて見直されていたのである。

アルジェリア戦争

イギリスとならぶ植民地帝国フランスは、戦後、北アフリカの植民地、モロッコとチュニジアには独立を認めたが、アルジェリアには独立を与えなかった。一〇〇万人近いフランス人の植民者(コロン)が定住していたためである。コロンは大きな経済力を有し、本国の経済だけでなく政治的にも影響力があった。

一九五四年頃から一九六二年七月にフランスが独立を認めるまで、はげしい独立戦争がつづいた。一番多いときには八〇万の兵力が、最盛期でも四万人足らずといわれる民族解放戦線(FLN)のゲリラ部隊と戦った。アルジェリア戦争でのゲリラとしては都市ゲリラが有名であるが、空軍が主要な役割を果たしたのは、農村や山岳地帯のゲリラ地域であった。

この戦争では、ヘリコプターが重要な役割を果たした。これまでヘリコプターは、兵員輸送など補助的に使われることが多かった。しかしアルジェリア戦争では、フランス軍はヘリコプター六機のうち一機の割合で武装を強化し、戦闘用のガンシップ（武装ヘリコプター）として使った。ガンシップの標準的な装備は、二基の機関銃と二台のロケット発射台であった。一台当り三七ミリロケット弾三六個を発射でき、ゲリラ相手の戦闘にきわめて有効であった。

一九五九年一月、フランス軍がゲリラ地域に大攻勢をかけた。二万人の降下部隊と外人部隊がヘリコプターで空輸され、夜明けとともに対人用破砕爆弾を投下、ついで空挺部隊が攻撃ヘリコプターに援護されながら降下し、壕にこもったゲリラを追い出し、逃げ出すものを空から攻撃し帰還した。一九六〇年五月までにゲリラは一万二〇〇〇に減り、分断された小さな群れになった。軍は勝利を宣言したが、その後もアルジェリア支配をつづけるために五〇万の兵士と一〇〇〇機の飛行機とヘリコプターが必要であった。

フランスはアルジェリアで戦闘には勝ったが、戦争には負けたと評されている。アルジェリア人の粘り強い抵抗によって戦争が長期化したことは、戦後フランスの復興を遅らせるとともに、戦争をめぐる国内の分裂を促進した。一九五八年五月にはアルジェリア駐留軍が反乱を起こし、第四共和制を崩壊させた。反乱の結果生まれた第五共和制初代のド・ゴール大統領は、駐留軍の期待を押し切ってアルジェリアの自治権を認め、一九六二年に和平協定に応じて戦争を終結させた。

ディエンビエンフーの敗北とアメリカの介入

フランスはベトナムでもはげしい民族解放運動に直面しなければならなかった。ベトナムでは日本の敗北とともに、ベトナム独立同盟会(ベトミン)を率いたホー・チミンがハノイを首都とするベトナム民主共和国の独立を宣言した(一九四五年九月二日)。しかし植民地支配の回復をはかるフランス軍は南ベトナムを占領し、一九四九年元皇帝バオダイを擁立して南にベトナム国をたてた。形のうえでは分裂国家間の戦争に見えたが、実質的にはベトナムへ宗主国としての復帰をはかるフランスの植民地戦争であった。

戦争の山場はハノイから二五〇キロ離れた山岳地帯の要衝ディエンビエンフーの戦い(一九五四年三月一三日―五月一日)であった。フランスはここに一万六〇〇〇の精鋭部隊を投入し要塞をたて、ベトミンを引きつけ皆殺しにする作戦をとった。アメリカもこの時期には戦費の八〇%を援助した。しかし、ひそかに周辺の山岳地帯に陣を張ったベトミン軍の猛攻撃に遭い、フランス軍は降伏し、一万三〇〇〇人が捕虜となった。読売新聞のサイゴン特派員であった小倉貞男は「ディエンビエンフーの戦いでヴェトミンが勝つことのできた原動力は、ディエンビエンフーの周囲の山に大量の大砲をかつぎあげた民衆である。自転車に米袋をくくりつけ、戦場に運んだ民衆である」と書いている(小倉貞男『ヴェトナム戦争全史』岩波書店、一九九二年)。

ディエンビエンフーの敗北のあと、フランスは和平交渉に応じ、北緯一七度線でベトナムを南北に分割したジュネーヴ協定に調印した。しかしアメリカと南ベトナム政府は調印に応じず、このあとアメリカは南ベトナムの独裁政権を強化するとともに、軍事顧問団の派遣を名目に介入をはじめた。現地の軍事力をしだいに強化して民主的運動を弾圧した。一九六〇年には南ベトナム解放民族戦線(俗称ベトコン)が結成されたが、六五年にトンキン湾事件を口実にアメリカが北ベトナムを爆撃し(北爆)、本格的な戦争に踏み切った。これはアメリカの艦船が公海上で北ベトナムの魚雷艇の攻撃を受けたとされた事件で米政府はこれを北ベトナムの挑発と主張した。しかしその後、六八年の米上院聴聞会では挑発したのはむしろアメリカ側と結論された。

一九五四年に終わったインドシナ戦争が「フランスの戦争」であったのに対し、六五年に全面化したベトナム戦争は「アメリカの戦争」であった。「アメリカの戦争」は七三年に米軍が南ベトナムから撤退したことで大きな転機を迎えるが、戦争自体は七五年に解放戦線と北ベトナム軍による全土解放までつづく。

北爆とシェリングの爆撃理論

一七度線を越えるアメリカ空軍の北爆は、トンキン湾事件の報復を理由として行われた。北爆はアメリカのジョンソン政権下で実施された「ローリングサンダー」作戦と、ニクソン政権期の「ラインバッカー」作戦とに分かれるが、いずれも政治目的を強制するための作戦であった。南ベトナムの解放勢力に対する支援の中止と、南北間の停戦または和平会談に応じることをハノイの共和国政府に強制する目的があった。

当時、ジョンソン政権の爆撃政策を制約していた政治的要因は二つあった。住民に対する無差別爆撃が国内世論のはげしい反発を予想させること、および北ベトナム全土に対する大量爆撃が中国の参戦を誘発する可能性である。これらのリスクをさけるためには、非戦闘員の大量殺傷を引き起こす爆撃は制限されるべきであった。その意味で爆撃は限定的に行われることが望ましかったが、このような限定空爆論の背景となったとみられているのが、トーマス・C・シェリングの空戦論(Thomas Schelling, *Arms and Influence*, Yale University, 1966)であった。

彼の空爆論の中心は、民間人被害を徐々に増やしてゆくことにより、将来、より大きな代償を払うリスクを回避する必要を、敵に認めさせることにある。民間人に対する攻撃を徐々にエスカレートさせることで、敵の強迫観念を助長して、戦争終結に応じさせる戦略である。最終的には民間人がターゲットであることにかわりはないが、それを可能にするためには大量殺戮という直接的方法と、経済的インフラを破壊し、市民生活に必要な供給やサービスを奪う間接的方法が考えられる。東京大空襲の場合には、人口密集地に対し一定の時期に集中して爆撃が行われ、おびただしい市民の犠牲を出したが、シェリングはむしろすべてのターゲットを一撃で破壊しないことこそが限定戦略のカギだと説いた（Mark Cloudfelter, *The Limits of Air Power: The American Bombing of North Vietnam*, University of Nebraska Press, 2006）。

「脅迫が梃子として役立つのは将来の被害が予期されるからなので、さらなる破壊で脅かせるように、敵の持ち駒である民間人のかなりの部分を慎重に留保しておかなければならない。脅しが効くためには、暴力が予想されなければならない。（中略）望ましい行動をとらせることができるのは、より大きな暴力が予期されるときだ。」

吉澤南は、最初「報復（しっぺ返し作戦）」として始まった北爆が懲罰的な積極的攻撃に発展する過程を分析し、「漸増的な締め付け」の形をとったことを指摘している（吉澤南『ベトナム戦争——民衆にとっての戦場』吉川弘文館、一九九九年）。

それは「爆撃目標の具体的なリストを作成し、これを漸次解禁することによって圧力を段階的に強化すること」であり、「爆撃禁止地域を常に確保しておいて、ここで北ベトナムが妥協しなければ次にはその地域を爆撃するぞと脅かす」心理作戦であった。次頁の図のように、まず北ベトナムの空域を地図のうえで六つの空域（ルート・パッケージ、RPと略）に分割した。北

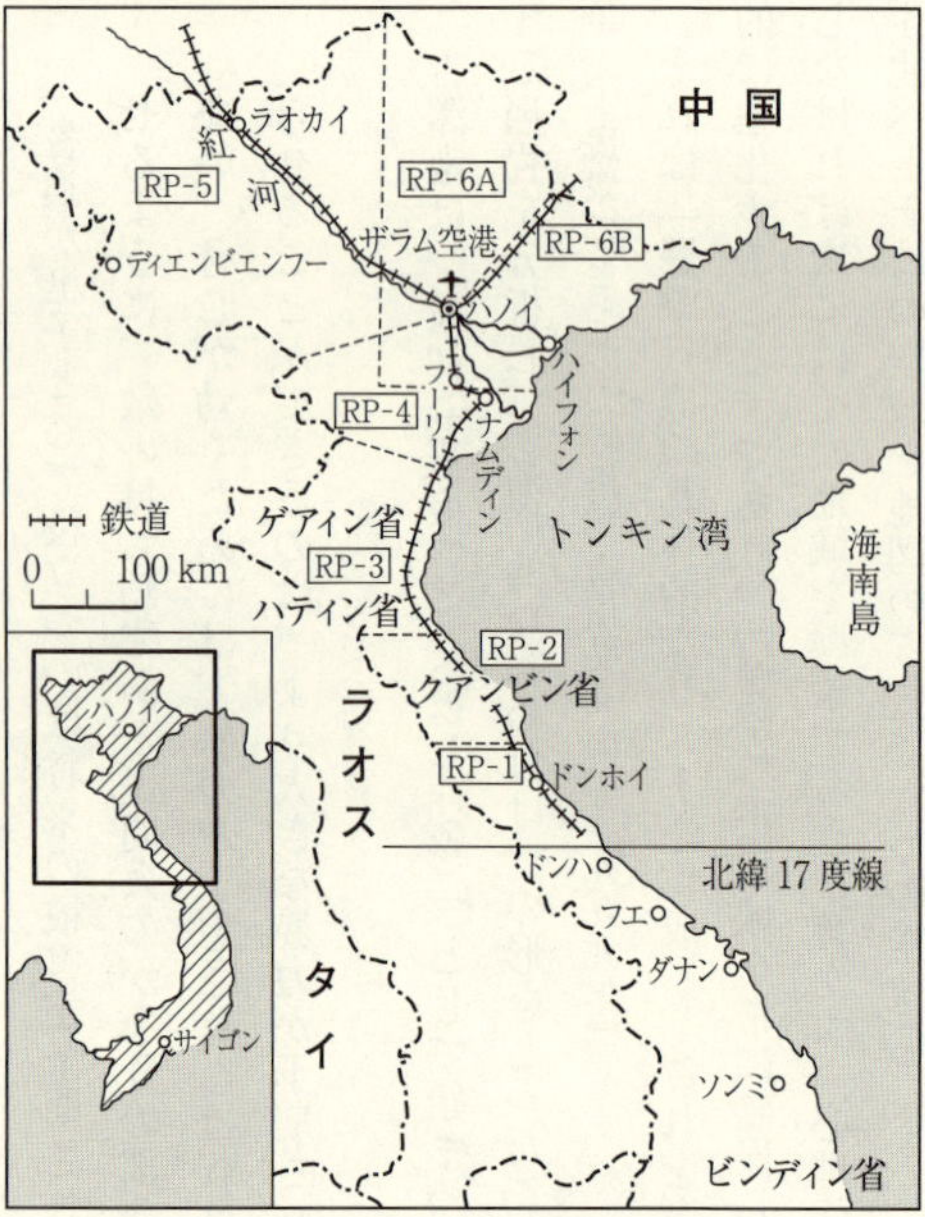

北ベトナム爆撃目標地域の分類

出所：吉澤南『ベトナム戦争——民衆にとっての戦場』吉川弘文館，1999年の図をもとに作成
注：省などの名称は戦争当時のもの

緯一七度線に接した南部地域をRP-1とし、そこからRP-2、3、4、5と北上する。中核的な都市ハノイ、ハイフォンから中国国境にいたる政治的に最重要な地域は、それぞれRP-6A、RP-6Bに分類された。このうちRP-1は最初から爆撃地域となり、地上の建造物が皆無となるほど徹底的に爆撃された。

RP-6Aのハノイ爆撃はしばらく保留されたが「あらゆる工業的、経済的資源をねらう事実上の戦略爆撃計画」への拡大を求める統合参謀本部の要請で実施された。大統領補佐官W・ロストウが第二次世界大戦時のドイツ爆撃の経験から、石油貯蔵施設の爆撃の効果を力説したことが爆撃の決定に決め手となった(吉澤『ベトナム戦争』前出)。

「ローリングサンダー」作戦はいくつか中断があったが、一九六九年三月に停止されるまでつづいた。延べ出撃機数は六五年が六万一〇〇〇機、六六年が一四万七〇〇〇機、六七年が一九万一〇〇〇機、六八年が一七万二〇〇〇機、六九年が三万七〇〇〇機で、総計六四万三〇〇〇トンの爆弾が投じられた。

一九六六年六月二九日に行われたハノイ、ハイフォンの爆撃は燃料貯蔵所が目標とされた。爆撃は八月までつづけられ、その結果「大きな貯油施設」はすでに破壊されたと米軍は発表し、戦果を誇った。しかし同年末に北ベトナムに入り、爆撃の結果を取材した『ニューヨーク・タイムズ』の編集次長ハリソン・E・ソールズベリは次のように報告した。

「田舎を車で通っているうちに、そうした結果をみることができた。どちらをみても、手ぢかの畑や国道のわき、小道の十字路などに、五五ガロン入りの鉄のドラム缶が散らばっている。そうしたドラム缶のなかに、北ベトナムの石油のたくわえがしまってあるのだ。ドラム缶は、都市や町、農村の水田などに何千本となく手当たり次第にばらまかれ、米空軍による爆撃をたくみに逃れているのである。米軍の信じがたいほどの火力の重圧にもかかわらず、北ベトナムはその戦争努力をさしたる支障もなく、何とかおしすすめたのであ

る。」(ソールズベリ、朝日新聞外報部訳『ハノイは燃えている』朝日新聞社、一九六七年)

「ローリングサンダー」により、北ベトナムの三〇の主要都市のうち二五まで大きな打撃を受け、経済施設、堤防、国営農場、工場なども繰り返し攻撃された。そのほか六七年末までに病院一六一、学校六三一、教会三一二、仏塔一三四が損害を受けた。米情報部の推定によれば、作戦による一般人の死者総数は五万二〇〇〇人であった。

和平会談と「ラインバッカー」作戦

ベトナム戦争がゆきづまった一九六九年に成立するニクソン政権の課題は、もはや戦争に勝利することではなく、いかにしてアメリカがベトナム戦争から離脱するかであった。そのため南ベトナム政府軍を強化して戦争を肩代わりさせるとともに、パリで開かれた和平会談を有利に展開しようとした。

一九七二年に実施された「ラインバッカーⅠ」作戦による北爆再開は、このような政治目的を達成するため、北ベトナム民衆に圧力をかける作戦であった。北ベトナムの住民の大部分の日常生活を崩壊させ、脅威を自覚させることがねらいであった。和平交渉の最終段階で行われた「ラインバッカーⅡ」では、一一日間(一二月一八―二九日)に戦略爆撃機B52が七二九回出撃して爆弾一万五〇〇〇トンあまりを、空海軍の戦闘機が一二一六回出撃して五〇〇〇トンを投下した。Ｂ52の主目標は鉄道の要地と倉庫地域で、そのためハノイから一六〇キロ以内の鉄道交通が麻痺した。そのほか一九一の倉庫が破壊され、また石油の供給は四分の一となり、発電所の破壊により発電能力は一一万五〇〇〇キロワットから、わずか二万九〇〇〇ワットに低下した(Clodfelter 前出書)。

「ラインバッカーⅡ」は市民生活の維持に必要な供給やサービスの破壊を狙ったため、損害の大きさにくらべ、民間人の直接の犠牲は比較的少なく、ハノイ市長によれば死者一三一八人、負傷者一二一六人であった。当時ハノイを訪れた西側のジャーナリストらの証言でも、市街地そのものはほとんど無傷だった。しかし市内にとどまった住民が日に一時間くらいしか睡眠をとることができず、一一日間つづいた空爆により精神的に不安定となったことは事実である。

爆撃からまもない七三年一月二三日、和平協定が成立し、やがて米軍はベトナムから撤退する。一一日間の爆撃は、はたして北ベトナムの和平協定受諾に貢献したのだろうか。アメリカの法律家テルフォード・テイラーは当時ハノイを訪問していたが、「投下された爆弾のおびただしい量にもかかわらず、アメリカがハノイを破壊するために力をつかわなかったことを私はただちに確信するようになった。ハノイはほとんど無傷であったが、ハノイを破壊しようとすれば二晩か三晩でできたことはきわめて明白だ」という感想をもった。「ラインバッカーⅡ」

のハノイ爆撃が、シェリング流の限定空爆論の具体化であったことは明らかであろう（Robert A. Rape, *Bombing to Win : Air Power and Coercion in War*, Cornell University Press, 1996）。アメリカの要求を受諾しなかった場合に予想される大殺戮への脅威が圧力の一つになったことはありうる。しかしシェリングの言うように空爆による深刻な生活破壊と、それによる住民の不穏な動向がハノイ政府に和平協定受諾をうながした形跡は見当たらない。

残虐な兵器の使用と兵士の非人間化

本書の性格からこれまで北爆を中心に論じてきたが、ベトナム戦争の主戦場が解放戦線を主体とする南ベトナムであったことはいうまでもない。一九九二年にハノイで発表された北ベトナム軍と南ベトナム解放民族戦線の死者は一〇〇万人を超えるが、このうちから民間人の数を示すことはできない。のちにアメリカ上院法務委員会で公表された数字によれば一九六五年から七三年の間に南ベトナムの民間人死者の数は四二万五〇〇〇人に達した。アメリカ軍、南ベトナム軍および韓国などの派兵国軍の死者は約二二万人と言われるので、南ベトナムだけでそれに倍する民間人が殺されたことになる。

筆者はかつてベトナム戦争の特徴のひとつに「戦争に民間人が巻き込まれたのではなく、はじめから民間人とその生活空間が攻撃の対象とされたこと」（荒井『戦争責任論』）を指摘した。すなわちダイオキシンを含む枯葉剤など高度のテクノロジーの大量かつ無差別的な使用によって、生活環境と生活空間が破壊されたのがベトナム戦争の大きな特色であった。

米軍の空爆に使用した残虐な兵器としてナパームのほか、あらたにボール爆弾を大量に使ったことが知られている。ボール爆弾は、おおきな親容器に野球のボールよりすこし大きい散弾型の子爆弾が数百発つめられ、投下されると容器が空中で爆発して子爆弾がばらまかれ、不発弾は地雷化する。小さな子爆弾は鉄やコンクリートの施設に対しては無力であるので「できるだけ多数の人類を一挙に殺傷するためにのみ開発された」爆弾である（『本多勝一集』一一巻、朝日新聞社、一九九五年）。本書第六章で述べる湾岸戦争中のクラスター爆弾がその改良型である。

ベトナム戦争中に米軍は、ラオスに延びた北ベトナム軍の補給路一帯を空爆した。使用された大部分がクラスター爆弾で、いまでも九〇〇万個の子爆弾が残っている。

兵器が残虐化したばかりでなく、兵器を使用する兵士も空爆テクノロジーの発達とともに、地上に出現する地獄に対して人間的な感情を奪われていった。

一九四五年三月一〇日の東京大空襲に参加したB29のパイロットであったチェスター・マーシャルは、当時の搭乗日記をもとに次のように書いている。

乗員が「過去の空襲とは根本的に違う」東京市街地に対する焼夷攻撃を知らされたとき、「たいていのものが信じがたい思いで座ったまま呆然とした」。九日朝のブリーフィングで「目的への投弾高度は五〇〇〇ないし七〇〇〇フィート〔一五〇〇ないし二一〇〇メートル〕」だと告げられ、「各機は指定された高度を単機で侵入する」ことや、弾丸は尾部銃塔にのみ搭載し、射手三人は参加しないことも指示された。「出撃指示をうけてからは午後のあいだみんな塞ぎ込んでしまい、同僚たちがルメイに呪いの声をあげるのを聞いた。うわさでは、幕僚の多くがわれわれをそんな自殺的空襲に遣るという決定に反対し、空襲部隊の七五％を失うと予言したというのだ」。

この日午後六時半にチェスターの機は離陸し、東京に向かった。

「〔東京に近づくにつれ〕前方では火が広がり都市の目標地域が火焔地獄と化していた。焔や燃えカスが数千フィートにも舞い上がり、煙が黒雲となって二万フィート〔約六〇〇〇メートル〕にまで立ち上っている。飛行機が投弾区域に入ると、一帯は真昼間のように明るかった。火の海に近づくにつれ、指定区域全体が陰鬱なオレンジ色の輝きに変わった。私は前方の飛行機から投下された焼夷弾が地を打つ光景を見て息をのんだ。

焼夷弾は、地面に当たった瞬間、一度にたくさんのマッチを擦ったように見え、何秒もしないうちに、その小さな焔が集って、単一のおおきな火焔の固まりになるのだった。私たちは、なめずる火の先端あたりに、荷〔焼夷弾〕を一時に投下して湧き起こる煙の雲のなかに突っこんでいった。(中略)燃えさかる火で起こった下からの熱風による強烈な上昇気流に機体が持ち上げられ、極度に大きいG〔加重力〕のために座席にひきつけられ身動き一つできなくなった。何がおこったのか考える余裕ができたときには、高度が五〇〇〇フィート〔一五〇〇メートル〕以上にあがっていた。と、急に身軽になった。ここでようやく私たちは火焔地獄の搦め手から逃れることができたのだ。

私たちは焼ける人肉やガラクタの異臭に息が詰まる思いをしていたので、ようやく煙から脱して本当にホッとし溜息をおおきく吐いた。」(チェスター・マーシャル、高木晃治訳『B-29 日本爆撃三〇回の実録』ネコ・パブリッシング、二〇〇一年)

ベトナム戦争の場合には、地上戦は悲惨な様相を呈し、ヒーローのいない戦争であった。そのため「唯一の英雄として軍用パイロットたちを遇しようとする風潮」が生まれたと生井英考が指摘している。軍用パイロットは「ものの一分もせずに何千マイルもの高度に達する能力を持つ超音速戦闘機にのり、計器類にとりかこまれた窮屈なコックピットで自分たちだけの世界と戦場を築き上げた。彼らは地上兵たちが超えることを禁じられた北緯一七度線を軽くひとまたぎし、北爆行動を〈ダウンタウンに出かける〉と呼びならわして愉しみさえした」(生井英考『ジャングル・クルーズにうってつけの日』ちくま学芸文庫、一九九三年)。

北爆に投入されたアメリカのパイロットたちは、ダウンタウンにショッピングにでかけるような気安さで目標を爆撃した。人肉の焼ける異臭に息を詰まらせながら東京に焼夷弾を投下したB29の飛行士たちが、地上の多くの人々を殺しつつあることを実感せざるをえなかったこととは大きな違いがある。空襲テクノロジーの発達は「鳥の目で戦場を眺めおろした」(生井)ベトナム戦争の飛行士たちの人間的な感情を覆い隠し、殺人マシンに変えてしまった。

無差別的暴力――南ベトナム空爆の記憶

国際研究学会(International Studies Association)の二〇〇八年大会で報告した三人の歴史家の計算によれば、第二次世界大戦ののち二〇〇八年までに、世界で一六五回の内戦が起こっている。五一回はゲリラ戦であったが、そのうち二四回で住民の大量虐殺が行われた。その比率は三一%である。内戦全体としても約二〇%の割合で、住民が無差別的暴力の犠牲になった(M. A. Kocher, T. B. Pepinsky and S. N. Kalyvas, Into the Arms of Rebels? Aerial Bomberdment, Indiscriminate Violence, and Territorial Control in the Vietnam War)。

脱植民地化や帝国の解体にともなう内戦で、反政府勢力がゲリラ戦で抵抗することは、第三世界の民族解放運動の多くにみられた特徴である。第二次大戦でもナチス・ドイツのホロコーストや日本軍の南京虐殺があったが、文明国としては例外的現象とされた。しかし第二次大戦後には、植民地主義的な旧権力が、「反乱」を鎮圧する平定作戦において住民に対し無差別的暴力を行使することが普遍的な現象となってきたことを、この数字が物語っている。さらに最近ではアフガニスタン、イラクなどは言うまでもなく、コソヴォ（セルビア）、スーダン（ダルフール）など世界の各地で非武装の民衆に対する大規模な攻撃が行われた。

現在のアメリカや多国籍軍の「対テロ戦争」では、空爆を主要な手段として「テロ国家」の敵対的（とみられた）住民集団に対する無差別的な攻撃が行われている。

ベトナム戦争における空爆については、これまでは北爆が強調されて、南ベトナムでの空爆にはアメリカの軍事史家や政治学者があまり注目しなかった。南ベトナムではアメリカの傀儡的性格をもつサイゴン政権に対し、北ベトナムと連携した南ベトナム解放民族戦線（ベトコン）がゲリラ戦的な抵抗を続けていた。アメリカ軍は「反乱」を鎮定するための平定作戦として、ベトコンの勢力下にあるとみられた村落に対し、はげしい空爆をあびせかけた。一九六九年までに南ベトナムは、歴史上最もはげしく爆撃された国となった。戦争の全期間にインドシナ上空に出撃した軍用機の七五％が南ベトナムに向けられた。

南ベトナム空爆の多くは、ベトコン支配下にあると思われた村落に対する無差別爆撃であった。住民のうちには中立的立場をとるものも、ベトコン反対派もいたはずである。空爆のときに、これらの人々を区別することは不可能であったし、アメリカの指導者もそのことを理解していた。それにもかかわらず、あえて住民を無差別に爆撃したのは、空から降ってくる思いがけない死の恐怖が、住民をベトコンに背かせるか、家を捨てて政府支配地域の難民村に移動させると信じたからであった。

一九四六年に米空軍のアーノルド将軍により設立されたランド研究所(RAND corporation)という軍のシンクタンクがある。研究所は一九六五年の調査の結果として、ベトコンに住民を保護する能力がないことを分からせるので、空爆は住民をベトコン反対派に変えるだろうという予測を発表した。空爆は、恐怖と脅しにより「住民を敵から切り離す」(ベトナム派遣軍司令官ウエストモアランド)決定的政治手段と信じられた。

先述した国際研究学会の報告(二〇六頁参照)は、南ベトナム村落に対する空爆の結果、住民がいっそう強くベトコンを支持するようになったことを、さまざまな角度から明らかにしている。その際、報告者たちの念頭にあったのは、次のことであったと思われる。

南ベトナムの空爆は住民に対する無差別的攻撃であったが、注目すべきことは、アメリカ軍がその事実をはじめから肯定したことである。そして無差別的暴力の行使が与える恐怖と脅しによる住民の政治的志向の変動が、空爆の目的として公言された。北爆の場合には、まだ合理的と思われる説明が行われたが、南爆にさいしては、あやふやな政治的思い込みが先行し、無差別的に暴力がふるわれた。北爆を戦略爆撃の系譜において説明することはできなくはないが、南爆の場合には、むしろ植民地支配のときの「懲罰作戦」の系譜を受け継いだように思われる。

たとえばアメリカの空軍大学のジェフリー・レコードは「世界でただひとつの超大国としてアメリカ軍は、本質的にはイギリス軍が英帝国のなかで行ったと同じ帝国的警察活動を、現在グローバルなベースで行っている」と指摘している(Jeffrey Record, Failed States and Casuality Phobia, *Occasional Paper*, No. 18, September 2000)。空爆が現在では、アメリカの外交政策の主要な手段となっていることもそのことと関連している。その場合、国家間戦争の場合と違って、何を空爆の目標に選ぶかは、むしろ戦術的な問題であり、戦略的な中心問題ではない。

フセイン政権打倒後のイラク戦争に示されるように、住民(民衆)の動向をどう方向づけるかが戦略的問題であり、また反政府勢力の鎮圧を目標としても、平定作戦という性格上、必然的に一般住民をも被害者とする無差別的暴力の行使にならざるをえない。実際にも空爆が懲罰的性格を強め、住民に対する脅しと恐怖という性格を強めつつあることは否定できない。このような現代世界での空爆の現実が、あらためて南ベトナムでの空爆を思い出させ、その実態の解明を、研究者たちに今日的な課題としてつきつけていると思われる。

第六章

「対テロ戦争」の影

――世界の現実と空爆の規制

東京・両国にある東京都慰霊堂(上)と東京空襲犠牲者モニュメント(下)(撮影＝岩波新書編集部)

1 無差別爆撃への沈黙と規制への歩み

国際法と米軍の解釈のズレ

イギリスの歴史家グレイリングは、ドイツと日本に対する無差別爆撃の道徳性を考察した近著のなかで、自分は戦勝国に属する人間の立場でこの本を書いたと述べている。確かに自分は戦勝の恩恵を受けたが、今では勝利を勝ちとる過程でなされた連合国側の悪を率直に認めるのにやぶさかでないと述べ、その理由を二つあげている。一つはナチズムや日本の戦争犯罪とは規模は異なるが、恐るべき戦争のなかで自国も罪を犯したことを率直に認め、かつ受け入れることのできる文明だけが、過去から学び未来に向けて正しい道を歩むことを期待できることである(Grayling 前出書)。

第二は、過去の加害に目をふさげば、同じ行為をくりかえすリスクがともなうからである。彼女がこのことをとくに憂慮するのは、国際人道法(一九四九年ジュネーヴ条約及び一九七七年追加議定書)の文民保護に関する側面についてのアメリカ軍の最近の解釈(二一四頁参照)に問題を感じたからである。第二次大戦中の連合軍の地域爆撃を「道義的犯罪(moral crimes)」であったと認める立場からは、米軍の解釈は認めることができないとする。

グレイリングが言及したジュネーヴ四条約については前章でふれたが(一七九―一八〇頁参照)、アルジェリア戦争、ベトナム戦争など、大国の軍事力と民衆を基盤とするゲリラとが直接対峙する戦後の新局面では法の不備がめだった。これまでみたように、近代兵器の無差別的な行使がおびただしい犠牲をだすことを防げなかった。武力紛争の新しい様相が、いっそう国際人道法の不備を痛感させることになった。

赤十字国際委員会(ICRC)は、一九五六年に「戦時に一般住民のこうむる危険を制限するための規則案」を作成した。国際法学会(IDI)も一九六九年に「大量破壊兵器の存在がもたらす諸問題、ならびに一般に軍事目標と非軍事目標の区別」を決議した。これらの集大成が、一九七七年のジュネーヴ条約追加議定書「国際武力紛争の犠牲者の保護に関する追加議定書(第一議定書)」である。

議定書は第五二条で、あらためて民用物を攻撃の対象とすることを禁止し、軍事目標主義を掲げるとともに関連規定を精密化した。そして軍事目標以外はすべて民用物だと簡潔に規定する一方、攻撃が許される軍事目標をきびしく定義した。「軍事目標は物については、その性質、位置、用途または使用が軍事活動に効果的に貢献する物で、その全面的なまたは部分的な破壊、奪取または無効化がその時点における状況のもとにおいて明確な軍事的利益をもたらすものにかぎる」と定義した。

文民に対する攻撃については第八五条で違反行為のうちに、①文民たる住民を攻撃の対象にすること、②攻撃が過度に死亡、文民の障害または民用物の損傷を引き起こすことを知りつつ文民たる住民または民用物に影響を与える無差別攻撃を加えること、③非戦闘員を攻撃の対象とすることをあげ、すべて禁止事項とした。

これらの規制が充分に守られれば空爆による被害はきわめて限られたものになるだろう。しかし同じ時期に、米空軍の公式教典(*Air Force Doctrine Document : Air Force Basic Doctrine*, 1997)は「一般住民の戦意は、それ自体を合法的な目標とすることができる。戦争意欲を弱めることが軍事的利益になるからである」とのルーズな解釈を示している。そのギャップには恐るべきものがある。

グレイリングはほかに、海軍の指揮官向けの作戦用法ハンドブックからも「間接的であっても敵の戦闘能力の支援および保持に役立つ経済目標もまた攻撃してよい」という言葉を引き、次のような趣旨を述べている。アメリカの海空軍は「住民の戦意」とか「経済的目標」とかいうものに対する攻撃を合法的だとする第二次大戦当時の用語でいまだに思考している。「経済的目標」とは戦争産業、石油、電力、輸送、水道以外のあまりにも多くのものをカバーする用語だ。ジュネーヴ条約(含む追加議定書)に対する軍の解釈は、大戦中の地域爆撃を道義的犯罪とみる視点からは受け入れることはできない(Grayling 前出書)。

無差別爆撃を認める「沈黙の構造」

無差別爆撃に寛容な軍の論理が、戦後の諸事件を経てもなお継承されているのは、アメリカの国家首脳たちが政治的必要性の名のもとに、その非人道性に目をつぶってきたからである。その一例として沖縄の歴史家、大田昌秀は無差別爆撃に対する日本政府の抗議をめぐるアメリカ政府の対応を明らかにしている（大田昌秀『那覇一〇・一〇大空襲——日米資料で明かす全容』久米書房、一九八四年）。

一九四四年一〇月一〇日、米艦載機一九九機が白昼五回にわたり、沖縄諸島を攻撃した。主として軍事目標をねらった攻撃であったが、「第四回と第五回の攻撃では、学校や病院、寺院等のほか那覇市街の民間人住居など非軍事目標に対し、盲滅《（ママ）》法の猛爆を加え、それらを灰燼に帰せしめた。同時に米機は、低空から無差別の爆撃や機銃掃射によって多数の市民を殺傷した」（日本政府覚書）。一二月一一日、日本政府はこれが「今日、諸国間で合意されている国際法と人道の原則に対するもっとも深刻かつ重大な違反であることを指摘」し、スペイン政府を通じて「米国政府に対して厳重に抗議」した。

最初は抗議に対し、アメリカ国務省は黙殺する態度をとった。しかし連合軍捕虜に対する日本側の報復を懸念し、統合参謀本部（JCS）に検討を依頼した。その結果、JCSの統合兵站委員会小委員会により「沖縄諸島の非軍事施設に対する空襲についての日本政府の抗議について」という報告が作成された。大田はこの報告について「注目される点は、アメリカ側が那覇大空襲についての日本政府の主張をほぼ全面的に認めていることである」としている。

確かに報告は「日本政府の抗議に主張されている攻撃は、おそらく事実に基づいていよう」という言い方で、那覇空襲が無差別爆撃であった事実を基本的に認めている。しかしアメリカ政府はそれが国際法違反であることについては沈黙した。その理由は二つあった。ひとつは国際法違反であることを否定すれば、日本軍の中国諸都市爆撃などについてアメリカ政府がこれまで繰り返してきた見解と矛盾することになる。

さらに重要な理由は、「国際法に違反することを日本側の主張どおりに認めるならば、敵の領土内に強制着陸させられたすべての飛行兵たちを危険に陥れるか、さもなければ戦争犯罪人として処遇せしめかねない」(「陸軍長官及び海軍長官から国務長官への書簡の覚書」)という憂慮である。実際にも、日本軍が軍律法廷を設置し、無差別爆撃を理由に、捕獲したB29の搭乗員を処罰したことは前章に述べた(一七五―一七九頁参照)。

これらの理由から、アメリカは最終的に日本の抗議に回答しないとする選択肢を選んだ。いわば無差別爆撃についての「沈黙の構造」が背後にあり、それが大戦中の地域爆撃を犯罪とみる視点の導入をさまたげ、戦後長く米空軍の実践と国際法の進化との間の大きなズレをつくりだすことになった。

原爆被害と空襲被害

広島に対する原爆投下についても日本政府は直後の八月一〇日にアメリカに抗議した。原爆が老幼婦女を無差別かつ残虐な方法で殺したことは国際法違反であったと指摘し、人類と文明の名において糾弾する内容であった。すでにこの日、日本は条件付きでポツダム宣言を受諾することを連合国に通知していたので、抗議はそれ以上に発展することはなかった。

一九六三年一二月七日、東京地方裁判所が、被爆者の損害賠償請求に対する判決で、広島、長崎に対する原爆投下が当時の実定国際法によっても違法であることを認定した。藤田久一の要約によればそれは次のような趣旨であった（広島平和文化センター編『平和事典』「原爆判決」の項）。

「まず空襲における軍事目標主義、無防守都市にたいする無差別爆撃の禁止に照らして、原爆はその巨大な破壊力から盲目《ママ》爆撃と同様の結果を生ずる以上、地上兵力による占領の企図に抵抗していたわけでない無防守都市（広島・長崎）における無差別爆撃として違法な戦闘行為と解するのが相当であり、また害敵手段に関する原則に照らしても、原爆投下により多数の市民の生命が奪われ、生き残ったものも放射線の影響により生命を脅かされていることから、原爆のもたらす苦痛は違法な毒、毒ガス以上のものといって過言ではない。」

判決は損害賠償請求については原告の主張を退けたが、被爆者の救済について「被告がこれに鑑み十分な救済策を取るべきことは、多言を要しないであろう。それは立法府および内閣の責務である。政治の貧困を嘆かずにはおられない」と述べ、救済を立法や行政に委ねた。この見解は政府の被爆者援護行政に影響し、一九六八年五月には原爆特別措置法が施行された。

空爆被害の「受忍論」

一九七六年には、米軍の名古屋空襲(一九四四年一二月―四五年七月)により戦傷した民間人二人が、損害賠償を求めて訴訟を起こした。しかし八七年に最高裁は「戦争犠牲ないし戦争損害は国の存亡にかかわる非常事態のもとでは、国民のひとしく受忍しなければならなかったところ」として請求を退け、原告敗訴が確定した。

裁判での争点は三つあった。ひとつは「身分関係論」で、軍人・軍属など政府と契約関係にあった人が戦争で怪我をしたり、病気になったりした場合には、一種の雇用者責任の考え方から国家が補償する。これを前提として戦後まもなくつくられた「戦傷病者戦没者遺族援護法」

では、民間人を補償の対象から除外した。名古屋裁判の原告は空爆で手を失った戦傷者であったが、一般的な社会保障の枠組みのなかで障害者年金を受けとっていた。当時受給された年金は年約一四万円であった。戦傷病者戦没者遺族援護法の対象で同様な障害者の場合は約一八〇万円となる。この差別の救済が問題であった。しかし、一審、二審判決は、民間罹災者との差別には合理的理由があるとして請求を退けた。

第二の争点は、この差別自体が許されるのかであった。こうした事態は、「すべて国民は、法の下に平等であって、(中略) 差別されない」という憲法第一四条一項の規定に違反するとも考えられる。

第三の争点が「受忍論」である。国の被爆者対策のあり方を検討していた厚生大臣の諮問機関、原爆被爆者対策基本問題懇談会が一九八〇年一二月に提出した「原爆被爆者対策の基本理念および基本的あり方について」という答申でも、戦争による国民の犠牲は「すべての国民がひとしく受忍しなければならない」と述べている。裁判では受忍論の是非が問われ、最高裁は前述のように受忍論を受け入れた。しかし軍人・軍属だけが戦争による犠牲の補償を受ける身分関係論と矛盾し、論理的に対立せざるをえない点だけでも、受忍論は説得力を欠く。

確かに第二次大戦は総力戦であったが、一九四二年には本土空爆を想定したうえで、一般戦災者を「応急的にまたは一定の期間継続的に保護し、またはその更生を便ならしむる」ことを目的として戦災保護法が制定された例がある。四二年四月一八日の米軍機による日本本土空襲（ドゥーリトル空襲）から適用されて、たとえば遺族五〇〇円、障害者の「一生自分の用事を果たすことのできないもの」に七〇〇円、「一生業務に服すことのできないもの」に五〇〇円の給付金の支払いが規定された。その他罹災者に対する救助、戦災による生活困難者への扶助なども規定され、空襲がピークに達した四五年度には、同法による支出は七億八五五九万円の巨費に及んだ（赤沢史朗「戦時災害保護法小論」『立命館法学』二二五―二二六号）。

名古屋の裁判では、一審判決は原告の訴えを棄却したが、同時に救済のために必要な立法措置をとるべきだとしていた。二審の高裁判決では、「国民がひとしく受忍しなければならなかったもの」として事実を述べるにとどまっていた。しかし最高裁判決には、「受任しなければならない」として、国民に対して押し付ける態度が露骨であった。二〇〇七年三月に国を相手に提訴した東京大空襲訴訟でもこの三つが大きな争点となることが予想されている。

2　記憶の再生と慰霊の政治学

空襲被害の多様性

一九七〇年代に、悲惨な空襲体験を次の世代に伝える市民運動として、「東京空襲を記録する会」がスタートした。一〇万以上の死者を出した東京大空襲は、本土空襲の歴史のなかでも大きな転換点であった。アメリカの戦略空軍が、都市の広大な人口密集地域をいっきょに焼き払う大規模焼夷攻撃を実施した最初の爆撃であった。市民の無差別大量殺傷を主目的とした点でも、非戦闘員を残虐に殺すことに対する人間的感覚を麻痺させた点でも、のちの原爆投下に直結した爆撃であった。

「記録する会」が始まる一九七〇年前後は、ベトナム戦争の時代であった。そのことが、あらためて戦略爆撃の歴史と非人道性をふりかえる動きを生んだ。また日本では、当時住民運動と結びついて、いわゆる革新自治体がつぎつぎに生まれる状況があった。戦争と平和の問題を地域住民の問題として考える動きはその一環であった。

空襲の記録運動は全国に反響を呼び、数十の都市で同じような運動がはじまった。これらの運動の成果はのちに松浦総三、早乙女勝元、今井清一らによる日本の空襲編集委員会『日本の空襲』(全一〇巻、三省堂、一九八〇年)や自治体ごとの『戦災記』『空襲誌』のような記録のかたちでまとめられた。また地方のデパートなどで開かれる空襲展などで、生々しい証言などとともに戦災資料が展示された。仙台や浜松では、一九八〇年代に(戦災)復興記念館がつくられた。

一定の地域を全体として焼き払う空襲は、歴史的社会的に形成されてきた地域そのものの無差別破壊であり、地域文化そのものに対する攻撃であった。地域の問題として空襲を考えてゆくことは、必然的に地域史の多様な側面と戦争との関わりを問い直すことにもなる。空襲展は多くの場合に戦争展や平和展に発展してゆき、また自治体や民間による戦争資料室、平和資料館など資料センターの設置にまで進む例もあった。

空襲を記録する運動は、民衆史の重要な一環として地域史の掘り起こし、見直しにまで発展するが、空襲の被害者である地域民衆は同時に、総力戦に動員され、その一翼を担った存在でもあった。地域の問題としても民衆動員のための隣組、町内会などの活動、防空演習や教育、戦争と軍隊に対する意識、反戦厭戦の動きと弾圧などが問題にならざるをえない。

一九八二年に、文部省が検定を通じて侵略戦争や植民地支配に関する歴史教科書の記述を改ざんしたことが国際的に批判された。政府は「わが国の行為が韓国・中国を含むアジアの国民に多大の苦痛と損害を与えたこと」を確認して教科書記述の「是正」を約束した。

このことが契機になって、アジア諸民族に対する日本の侵略と加害の事実を掘り起こす必要が、改めて強調された。国内における加害としても、中国人や朝鮮人の強制連行、あるいは連合軍捕虜の強制労働などの事実がつぎつぎに明らかになった。原爆の被害を受けた人たちの国籍は二二カ国におよび、東京大空襲の死亡者一〇万人以上のうち、一万人以上が朝鮮人であると推定されている。

東京都慰霊堂

東京・両国の国技館近くの横網町公園に東京都の慰霊堂がある。一九二三年の関東大震災当時、ここは陸軍の被服廠跡の空き地であった。震災とともに発生した猛火に追われた人々がここに避難し、そのうち五万八〇〇〇人が焼け死んだ。遭難した人々の供養のため、市民の浄財によってここに震災慰霊堂が作られたのは一九三〇年である。死んだ人々の名前を記した「霊名簿」が収められている。隣には復興記念館が建てられており、大震災の各種被害品や絵画、写真、地震に関する学術資料二〇〇〇点が収められ展示された。

一九四五年三月一〇日の大空襲前後に東京で集められた戦災犠牲者の遺骨が、応急的に震災慰霊堂に納められ、名称も東京都慰霊堂に変更された。現在、慰霊堂の後室に戦災死者の遺骨が納められている。「石油カンぐらいの大きさの白磁製の骨壺には約三〇〇の遺骨が入れられ(一体の遺骨は握りこぶしほどか)、約四七〇個ぐらいが天井まで高く積み上げてあります。一〇万五四〇〇体のうち、氏名判明者は七一五七体(七%)。それらは一体ずつ骨壺に入り、引取り人に渡されていますが、現在も約三〇〇〇体が引き取られていません」という現状が報告されている(金田茉莉『東京大空襲と戦災孤児――隠蔽された真実を追って』影書房、二〇〇二年)。

震災犠牲者の場合には「霊名簿」がつくられたが、空襲犠牲者の場合には、多くの遺骨が身元不明のまま長く放置された。はじめつくられていた名簿の作成が打ち切られたのは、おそらく戦後の高度成長が始まった一九五五年頃と思われる。高度成長期に東京都は復興政策を優先させたが、めざましい戦後復興の影では空襲死者たちの記憶が封印された。

空襲被害者たちの声におされて、東京都が空襲死者の追悼や記憶の収集・保存の問題にあらためて取り組むようになったのは、ようやく一九九〇年代に入ってからである。経過は略すが、一九九七年六月、東京都知事の依頼に応えて設けられた東京都平和祈念館基本構想懇談会（座長永井道雄）が、平和祈念館の設置を期待する報告を出した。報告は祈念館の基本的な性格を「東京空襲の犠牲者を悼み、都民の戦争体験を継承すること」「平和を学び、考えること」「二一世紀にむけた東京の平和のシンボルとすること」「平和に関する情報のセンターとすること」とした。これを受けて東京都平和祈念館建設委員会が設置されて、具体化をはかった。その結果、九八年七月に建設委員会報告が出された。報告は設置場所、施設内容、事業内容、常設展示の内容・展示スペース、モニュメントについて具体案を提示し、都民の意見を公募した。

公募された意見は公開されていないので、手元にある歴史学関係学会の意見、要望についてみると、基本的性格については大きな異論はみられない。展示内容については「東京空襲がアメリカの戦争犯罪であったことをわかるようにすること、東京空襲を理解するためには戦争そのものの歴史を理解させることが重要」（歴史学研究会）、「〔無差別爆撃〕戦術が採用されるようになった経過を、重慶空襲など日本軍の行為を含めてあきらかにする必要」（東京歴史科学研究会）

などが強調されている。

意見が最も分かれたのは、設置場所である。建設委員会において都の原案として最初から横網町公園が提示され、平和祈念館は現在ある復興記念館を一部改装して地下に作ることとなった。委員会報告（建設委員会『東京都平和祈念館（仮称）建設委員会報告』一九八九年七月一五日）によれば、賛成意見は、横網町公園は戦災の中心地であった下町の象徴的な場所であり、下町の人間にとっては戦災も震災も大勢の身内の亡くなった点で同じである、といった主張である。

しかし戦災被災者である委員は、これに強く反発した。「私は子供達をつれて悲しみの場所を訪れ冥福を祈ります。そして関東大震災のお堂の前で花を手向け、焼香をし、子供達に戦争の怖さ愚かさを教えているのですが、お堂のなかは大震災の壁画で、震災のほうばかりに目がゆき心傾き、大人でさえも錯覚を起こしてしまうのです」（海老名香葉子）、「私は天災と人災を同じ敷地内に展示することに納得できず、立地の見直しを求めて発言をし続けてきました。もともと横網町公園は（中略）「関東大震災の犠牲者のための聖地」であり、慰霊堂の後室には戦災死者の御遺骨が半世紀以上仮安置されたまま。一つの追悼碑すら建っていません。東京都と都民が、長いあいだ、戦災死者を省みなかったことは明らかです」（橋本代志子）。

もともと祈念館の建設用地として木場公園、猿江公園など複数の候補地があったが、都は横網町公園に固執した。公園内の東京都慰霊堂などの施設は、東京都の外郭団体で都建設局退職者の天下り先の一つである慰霊協会（会長は元副知事）が管理している。都の横網町公園への固執には慰霊協会の存在があるからではないかという推測もある。

モニュメントについては、建設委員会報告は「東京空襲犠牲者を追悼し、平和を祈念するものを地上に建設すること」としただけで、委員の意見を列挙するにとどめている。都の財政上の問題などを理由に石原慎太郎知事のもとで平和祈念館建設が凍結されたあと、横網町公園につくられた唯一のものが「東京空襲犠牲者モニュメント」である。製作者によれば「人が静かに過去の記憶と対面し、沈思黙考できる空間」である。スリ鉢状の花壇が大部分を占めている性格不明の建造物である。

金田茉莉は、これらの現状について「（都官僚は）戦災者の遺骨を手放す意思はなく、横網町公園にモニュメントだけでも造れば、これまでと少しも変わらず、慰霊協会は安泰、戦災遺族の納める塔婆料で震災と戦災死者の合同の慰霊祭が行える、と考えたのでしょう。これまでの経過から考えても。最初から横網町公園から戦災死者の遺骨を動かさないという計画を練りに練っていたものと思います」と要約している（金田前出書）。

建設委員会で空襲死者の追悼のため名簿をつくるべきだという意見が出され、その結果、ようやく放置されてきた死者の名簿づくりが開始され、モニュメントの地下に納められている。毎年新しく判明した死者の氏名が名簿に追加され、それだけが空襲の死者と生者とを結ぶよすがとなっている。震災記念館のままとなった復興記念館には、空襲被害を示す遺物や写真・絵画など二〇〇九点の資料も展示されているが、それらは震災資料のあいだに漫然と配置されている印象が強く、両者の区別があいまいにされている感がある。東京都が一刻も早く凍結を解除し平和祈念館の建設に本腰を入れることを期待したい。

3 隠蔽され続ける一般住民の犠牲

非対称戦争と住民の犠牲

二〇〇八年はイラク戦争がはじまって五年目の年であるが、単独行動主義をかかげるブッシュ大統領の戦争は、国連、国際法よりは直接の暴力に依存して紛争を解決しようとする傾向が強い。そのため、非人道的と思われる暴力手段に頼る傾向がいちじるしい。生命の権利をはじめとする人権の見地からみれば、恐るべき状況といえる。冷戦が終わった一九九〇年代以来の戦争をみると、戦力における「非対称性(asymmetry)」が目立つ。冷戦時代には、米ソの戦力の対称性が、両国に本格的な核戦争の開始をためらわせる一因ともなった。米ソどちらも戦略核兵器による報復を覚悟しなければ、核戦争に踏み切れなかった。

しかし冷戦終結後にアメリカやヨーロッパ諸国の関わった戦争――湾岸、コソヴォ、アフガニスタン、イラク――は、いずれも戦力の非対称性の目立つ戦争であった。戦力ばかりでなく、戦争による死傷者の数も非対称的であった。

たとえばアフガニスタン戦争の場合、米軍部隊の派兵規模は六万人とされたが、死者は四一人(CIA要員一人を含む)、負傷者は約二二〇人であった(「検証　アフガン攻撃一年」『朝日新聞』二〇〇二年一〇月七日付)。

一方、アフガニスタン側の死傷者は不明だが、民間人の死傷者だけでも開戦後半年以内に米軍の死傷者の一〇―二〇倍に達したとみられた。防衛問題の専門家カール・コネッタは、開戦以来四カ月間の民間人の死傷は一〇〇〇人から三〇〇〇人としている。ニューハンプシャー大学のマーク・ヘロルド教授は三七六七人(『ニューヨーク・タイムズ』二〇〇四年二月一〇日付)、『ワシントン・ポスト』(同年四月二日付)は四〇〇〇人以上という数字を挙げている。いずれにしても半年足らずの間に、おそらく四〇〇〇人前後の民間人が死傷したことになる。

攻撃の直接の対象になったタリバン兵など戦闘員の死傷は、はるかにこれを上回るものと思われる。死傷者の比較でも、この戦争がきわめて非対称的な戦争であったことがわかる。死傷が非対称になったのは、戦争の主役が飛行機、ミサイルなどであり、空からの一方的な戦争であったことにある。ベトナム戦争で、アメリカが六万人近い米兵の犠牲を払ったにもかかわらず敗北したことは、後遺症としてアメリカの軍指導者と世論に自国兵の死傷恐怖症(casualty phobia)を残したという(Record 前出論文)。このことも空軍の役割と空爆への依存を高めた。

二〇〇一年一〇月七日にはじまったアフガン戦争では、たった二カ月間(一一月、一二月)に集中的に空爆が行われ、二万二四三四発の爆弾(ミサイルを含む)が投下された。一日当たり約四〇〇発である。二〇〇三年のイラク戦争(一－五月)では、使用された爆弾(ミサイルを含む)は米英合同軍あわせて二万九一九九発(うちハイテク型一万九九四八発)で、四〇日間という実質的な戦闘期間を考えると、一日当たり約七〇〇発、アフガニスタンの場合の二倍近くなる。

このうち精密誘導弾の比率は六八％であった。イラク戦争の当初、米軍関係者は民間人の被害を防ぐため「精密誘導兵器が全体の八－九割を占める」と言っていたが、民兵組織の予想外の抵抗などにより空軍の出撃回数が増え、非精密兵器にたよる割合が増えた(『朝日新聞』二〇〇三年五月二九日付)。

精密誘導兵器の比率が当初の予想を下回ったことは、それだけ民間人被害を増加させたと推測できる。AP通信の調査によれば、二〇〇三年四月二〇日までに確認された民間人の死者は、イラク全土で三二四〇人、うちバグダッドで一八九六人以上である(CNN. Com, July 11, 2003)。それればかりでなく、戦争終結後の占領中にも、民間人の死者は激増した。イギリスの医学誌『ランセット』(二〇〇四年一〇月号)の調査によれば、占領初期一八カ月間に一〇万人から二八万人の民間人が殺されたという。各種のシンクタンクの調査を分析したアメリカの政治ジャーナリストのデボラ・ホワイトは、二〇〇六年七月二四日時点でのイラク民間人の死者として、四万八一〇〇人から九万八〇〇〇人という数字を挙げている。ホワイトは、それ以外に殺された「反乱者」約五万五〇〇〇人を挙げているが、見逃せないのは、生存した子どもたちの二五%が慢性の栄養失調に苦しんでいる事実である。

一方、イラクの医師は開戦以来二〇〇〇人が殺され、三万四〇〇〇人が国外に逃れたという。開戦時の医師の約四割がいなくなっている。このような事情を考えれば、広い意味の戦争犠牲者の数がどのくらいになるのか見当がつかない(Deborah White, Iraq War Result & Statistics as of July 24, 2006/08/16)。

アフガン戦争で使用されたとみられる，米軍の精密誘導兵器，巡航ミサイルのトマホーク(写真提供＝共同通信社)

最近の発表では、イラク開戦以来の民間人の死者は約八万九〇〇〇人から一六万人で、米兵の死者数三九七五人(二〇〇八年三月二二日現在)とくらべれば、非対称性はますます拡大している。米軍の占領下で、イラク内部の部族的、宗派的対立による死者が増えていることも民間人の犠牲に拍車をかけている。

アフガニスタン戦争での民間人の犠牲について、アメリカ側は「問題はない。しかしときどき罪のない人々、疑いなく非戦闘員が殺されるが、それはいつも不幸なことだ」(ラムズフェルド国防長官)として、罪のない人が犠牲になったかもしれないが、それはやむをえないことだと歯牙《しが》にもかけない態度である。イラク戦争の場合には、軍は民間人の死傷を少なくする努力をしているが、民間人の死者は数えていないと答え、事実上民間人の犠牲に無関心な態度を示した。

「精密爆撃」という虚構

軍の弁明でさらに特徴的なのは、精密爆撃、爆撃精度の向上を強調していることである。「この戦争は我が国の歴史上もっとも精密な戦争だ」(フランクス米中央軍司令官)。湾岸戦争の時に、テレビ報道で印象的だったのは、きわめて小さな目標にも確実に命中させるピンポイント爆撃であった。精密に目標に命中させるので、無用な殺傷は起こらないはずだと宣伝された。

アフガニスタン空爆についても米海軍は、海軍および海兵隊機の命中率は七五―八〇%で、湾岸戦争の四五―五〇%より向上したといい、国防総省の説明でも、全兵器の六〇%が精密誘導装置付きで、命中率は九〇%だとしている。誘導装置のない残りの四〇%の命中率はどうなのか。また国防総省自身も、移動目標、洞窟または地下壕のなかの目標攻撃には限界があり、情報不足などによる誤爆、爆弾の不完全作動、戦果不明などが全体の四分の一に達すると言っている。精密爆撃の人道性に関する軍の宣伝は、かなり割り引かなければならない。

戦略国際研究センター先任研究員アントニー・H・コーズマンは「湾岸戦争より現戦争のほうが照準技術ははるかに向上していることにまちがいないが、しかし（軍の発表している）この種の数字が信頼できるかといえばノーだ」（『ニューヨーク・タイムズ』二〇〇四年四月二日付）と断言している。目標の選択や戦果の確定に必要な現地情報が絶対的に不足する一方、地上の観測手の誘導に頼らざるをえないヒューマンファクターもあった。さらに成果を誇張する傾向も、軍の数字が信用できない一因とされている。前例としては、湾岸戦争で軍の発表した戦果の三〇%が誇張であったことが確認されている。

非対称戦争の性格が、空爆という形で集中的に示されたのは、一九九〇年代以降である。九・一一同時多発テロにしても、民間航空機そのものを爆弾にかえただけの自殺攻撃として、非対称性の一方の極を象徴した。空爆技術の高度化や精密化と、今のイラクなどで日常化している「自爆テロ」とは、いわばメダルの裏表の関係にある。非対称戦争の典型が、発達した先進工業国（群）の周辺国家または開発途上国に対する空爆中心の攻撃にあらわれているとすれば、結果的には限りなくレイシズム（人種、出自、民族またはエスニックな起源に基づく差別、排斥、優越意識など）に近づくことになるのではないか。自国の兵士が安全で、しかも最大限の爆撃効果をあげられれば、相手の民間人が数千人犠牲になろうと問題ではないという軍の態度にそれがよくでている。「味方の損害は最小限に！　敵の損害は最大限に！」が合言葉になる。

「見えない戦争」と「死傷者ゼロ」ドクトリン

一九九九年のコソヴォ戦争で、ＮＡＴＯ軍の飛行機は二万回出撃したが、戦闘で撃墜されたのはわずか二機であった。パイロットの死者は一人もでなかった。コソヴォ戦争のときにＮＡＴＯ軍が採用した「死傷者ゼロ」という方針は、人員だけでなく兵器にも適用された。ＮＡＴＯ軍司令官は空爆の準備にあたって、「航空機を一機たりとも失ってはならない」と指示した。

またこの戦争で初めて、アメリカは最新鋭の超重爆撃機Ｂ２を出動させた。Ｂ２は敵のレーダーに探知されにくい「見えない飛行機」――ステルス機である。アメリカ本土から出撃したＢ２二機は一三時間かけて大西洋を横断し、ユーゴスラビアの目標箇所を爆撃したあと、本土基地まで一直線にもどり、乗員たちはそのまま帰宅したという。「まるで出勤である」と船橋洋一は評している（船橋洋一『船橋洋一の世界を読み解く事典』岩波書店、二〇〇〇年）。

アフガニスタン戦争の場合にも、地上兵力はむしろ補助的な兵力であって、空からの攻撃が決定的な要因になった。そして非対称性とともに「見えない戦争」の様相が強まった。

アフガニスタン北部の要衝、クンドゥズ攻防戦の一コマを『ニューヨーク・タイムズ』（二〇〇一年一二月二四日付）が報道している。一一月末、反タリバン政府軍の北部同盟の司令官は、市から一マイル以上離れた尾根に密集した数百のタリバン兵と戦車を発見し、二四時間以内に空爆することを米軍に要請した。現地に派遣されていた特殊部隊の観測手は、ただちにサウジアラビアにある米軍司令部に正確な目標を無線で連絡した。司令部は付近のB52戦略爆撃機にクラスター爆弾を落とすように命じた。一〇〇〇メートルの低空で飛行しても、爆撃機は目標を視認できなかった。そこで地上の観測手はレーザー装置で爆弾を誘導し、その結果クラスター爆弾に内蔵された子爆弾を高い精度でばらまくことができた。爆弾そのものにも、逆風であっても所定のコースを飛べる新誘導装置が付いていた。タリバン兵は二四時間どころか、わずか一九分後、空爆により潰滅した。

戦争初期の高揚した気分のなかで書かれたこの記事は、アメリカの新空戦力による攻撃の迅速さと正確さを誇り、「第二次世界大戦が核の時代をひらき、湾岸戦争が戦争にステルス技術を導入したように、アフガニスタンはまさに誘導爆弾戦争(smart-bomb war)として記憶されるであろう」とまで述べている。またラムズフェルド国防長官は、「合衆国だけがこの種の空戦力を執行でき、それを世界のいかなる場所にも向けることができる」と言い、空から世界を制する自信をのぞかせた。

しかし、レーダーで発見されにくいステルス技術、誘導技術の開発が攻撃側の安全を高めつつある一方、クラスター爆弾のように軍事目標と人とを無差別に破壊し、一挙に広い地域を制圧する残虐な兵器が、爆弾を落とされる側の被害を無差別に拡大している。このことも世界が直視しなければならない苦い現実である。

クラスター爆弾の非人道性

一九九六年に国連人権小委員会は、核兵器などの大量破壊兵器以外にナパームや劣化ウラン弾とともにクラスター爆弾の名をあげて、これらの兵器の使用と使用の威嚇は、「国際人権法および国際人道法と両立しがたい」という「確信」を表明するとともに、作業報告書の作成を決議した。

作業報告書は二〇〇二年六月、小委員会に提出され、要約が国連総会に配られた。「昨年と今年早々にアメリカは、タリバンとの戦いでアフガニスタンにクラスター爆弾(CBs)を投下した。投下後、まもなく爆発するはずの対人子爆弾は、アメリカが少し前に空中投下した食料パックと同色の明るい黄色の包装であった」、「CBsにより膨大な量の弾薬と、民間人に結果と影響をおよぼす大量の不発弾がばらまかれたことを考慮すると、CBsが無差別的であり、したがって国際人道法にも国際人権法にも違反することに疑いを入れる余地はない」として、クラスター爆弾を国際法に背く非人道兵器であると断定した。

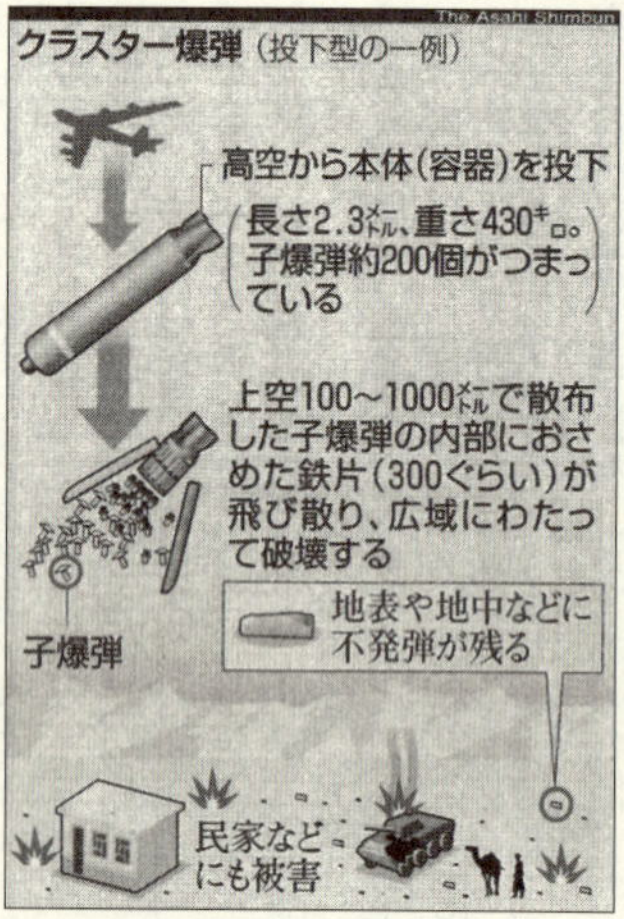

クラスター爆弾(投下型の一例)
出所:『朝日新聞』夕刊，2008 年 5 月 29 日付

報告は、爆弾自体の無差別的暴力性とともに、大量の不発弾の存在をもクラスター爆弾の非人道性の証明にあげている。

ベトナム戦争当時、ラオスで使われたクラスター爆弾は一発につき子爆弾七〇〇発が収納されたケースで、空中でケースが開くと子爆弾が広範囲にばらまかれた。子爆弾は、爆発すると装甲車を破壊することのできるほど強力だが、一〇—四〇%は不発弾として戦場に残り、何かの刺激で地雷のように爆発する。

米軍機は、一九六四年から七三年にかけて、五八万回出撃し、ラオスに二〇〇万トンの爆弾を落とした。子爆弾の総数は二億七七〇〇万個であった。不発率三〇%としても八三一〇万個というおびただしい子爆弾が地上に残った。子爆弾の爆発により戦争終結から現在までに、四八四七人が死傷した。その半分が子どもであった。ラオスでは四〇年前に落とされたクラスター爆弾が、現在でも住民を殺傷しつづけているのである(A deadly harvest of cluster bombs in Laos, *Times Online*, April 26, 2008)。

コソヴォ戦争と不発弾による被害

多民族国家ユーゴスラビアが崩壊したあと、一九九八年二月頃からコソヴォ地方でセルビアの治安部隊と、アルバニア系の軍事組織、コソヴォ解放軍との武力衝突が深刻化した。翌年には、ＮＡＴＯ軍が介入し、三月末から空爆を行った。空爆はやがてセルビア全土に拡大したが、六月に停戦が成立し、コソヴォは国際平和維持部隊の管理下におかれた。

停戦から二カ月ほどたった八月、コソヴォに残された地雷と不発爆弾の危険が事前の予想をはるかに越え、死傷者の数も恐るべき規模にのぼりつつあることが報じられた。世界保健機関（ＷＨＯ）の数字では、六月一三日から七月一二日までの一カ月間で、爆弾および地雷により死傷したものは一三〇人から一七〇人、住民一万人当たり一人の割合だという。地雷は長い内戦の間に、敵対するユーゴスラビア軍とアルバニア人ゲリラの双方により敷設されたものであるが、爆弾はＮＡＴＯ軍の空爆で使われた。

ＮＡＴＯの説明では、コソヴォでは二カ月間に一五〇〇発が使われ、それぞれ一五〇－二〇〇発の子爆弾が内蔵されていた。子爆弾のカプセルは、とりつけられたパラシュートか金属製の羽根で空中を浮遊して地表に達する。カプセルは小さいが、致死性の爆発を起こす。また不発率は一〇％とされていたが、コソヴォで発見されたほとんどは、保証期限切れ（大部分は一九九八年二月まで)で、着地しても爆発せず、おそらく不発率は三〇%に達したと見られている。しかし拾い上げられたときに爆発する可能性に変わりなく、それだけに危険性はいっそう高かった。

一年後、イギリスの『マンチェスター・ガーディアン』紙は、イギリスのNGO、地雷作業グループのあげた数字として、クラスター爆弾が一年間にセルビア領で五〇人(週にほぼ一人の割合)を殺し、一五〇人を負傷させたと報道した。「不発の子爆弾は、地表にとどまり地雷のような効果をあげ、戦争が済んだあとも長期にわたり民間人の死傷を引き起こす。多くの爆弾は明るい色で飲料缶ほどの大きさなので、とくに子どもの気をひく」。

英国防省は、コソヴォ戦争で英空軍が落としたクラスター爆弾は五三一発であると発表し、不発率五%というメーカーの数字をあげた。しかし国防省によれば、フォークランド戦争(一九八二年)のときには、実際の不発率はメーカーの主張のほぼ二倍、九・六%であった。コソヴォの国連地雷行動調整グループは、英空軍が使ったクラスター爆弾(RBL531)の不発率を一一-一二%と見積もっている。

九月五日、赤十字国際委員会(ICRC)は五〇ページの報告書を公表した。七八日間のコソヴォ爆撃が戦後に残した後遺の調査報告である。ICRCは、同時に国際協定が締結されるまでクラスター爆弾の使用を中止するよう各国政府に申し入れた。

ＩＣＲＣの調査では、コソヴォでは戦後一年間に五〇人が死に、一〇一人が傷ついた。これに対し、(主にセルビア軍が残した)地雷は三〇人を殺し、一六九人を傷つけた。地雷の犠牲者は手足を失うにせよ、しばしば生き残るが、クラスター爆弾は一般に爆発時にそばにいたものすべてを殺す。地雷以上に、民間人に過度の傷害と不必要な苦痛を及ぼす兵器である。

不発弾は数十年ものあいだ、たとえば天候の変化のような些細な刺激でも爆発する可能性がある。除去は地雷除去よりも危険な作業である。作業員の使う双方向無線の信号でも子爆弾を作動させる可能性が報告されている。

ＩＣＲＣ報告の見積もりでは、コソヴォ戦争の後、三万の子爆弾が残されたが、国連の監督する作業によって二〇〇〇年五月末までに除去されたのは、四〇六九発にすぎない。ＩＣＲＣは、人口密集地域の軍事目標に対するクラスター爆弾の使用禁止と、使用した場合には事後の除去をも要求した(Alexander G. Higgins, *Red Cross Urges Cluster Bomb Halt*, Associated Press, September 5, 2000)。

国連人権委員会とクラスター爆弾

アメリカは、イラク戦争でもクラスター爆弾を大量に使った。米軍資料によれば、イラクで投下されたクラスター爆弾は、精密誘導の改良型九〇八発、通常型三〇〇発といわれる。他に英軍の投下した一二四発の爆弾にも、多数のクラスター爆弾が含まれていた。クラスター爆弾ひとつに子爆弾が二〇〇発あると控えめに仮定しても、おそらく三〇万発ほどの子爆弾がばらまかれたことになる。さらにイラク戦争では、バグダッドやバスラのような大都会の人口密集地でも使われたが、米英軍は「広範囲に攻撃できる有効な兵器」（米中央軍のソープ報道官）、「自軍の損害を未然に防ぐ合法兵器」（フーン英国防相）と開き直り、使用を恥じることもない。

二〇〇六年夏、イスラエルは、自国兵の拉致を理由にレバノンを空爆した。三四日間の空爆の間に、レバノン南部に投下されたクラスター爆弾の子爆弾は四〇〇万発にのぼった。不発弾として残るのは一％といわれたが、実際には一〇％であるという（Times Online 前出）。

レバノンで不発弾処理にあたっているNGO、国連地雷行動調整センターの担当官クリス・クラークは、停戦一年目にあたる二〇〇七年七月、一年間に処理した不発弾の数は一三万一〇〇〇発と発表した。その多くは、一九七〇年代から八〇年代にアメリカでつくられた旧型であった。最新のイスラエル製クラスター誘導爆弾（M85）は、主にレバノン軍とイスラエル軍との分界線付近にまかれた。退却するイスラエル軍をレバノン軍の追撃から遮断するためであった。

国連の予測では、南レバノンの不発弾の処理には一〇年かかる。ユニセフ（国連児童基金）の発表では、不発弾による死傷は停戦後一年間だけで二四〇人、そのうち子どもは七〇人以上であった。昨年秋には、降りはじめた雹《ひょう》のために多数の不発弾が爆発した例も報告されており、イスラエルとクラスター爆弾を提供したアメリカ、イギリスなどは国際的非難の的となった。

オスロ・プロセスとクラスター爆弾禁止会議

空爆のときに投じられる通常兵器のうち焼夷弾については、一九八三年に発効した特定通常兵器使用禁止制限条約(CCW)第三議定書「焼夷兵器の禁止または制限に関する議定書」によって、文民に対する使用が禁止された。議定書第二条は、「文民たる住民全体、個々の文民または民用物を焼夷兵器による攻撃の対象とすること」「人口稠密の地域内に位置する軍事目標を空中から投射する焼夷兵器による攻撃の対象とすること」を「いかなる状況のもとでも」禁止した。

その後、すでに述べたようにクラスター爆弾、劣化ウラン弾などの非人道兵器の禁止が問題となった。イラクでのバグダッド攻撃のさい、アメリカ軍の一司令官は、部下にクラスター砲弾の使用を禁止した。無差別的兵器の使用が不法であるばかりか、のちに部隊が通過するときに、部下たちが子爆弾の被害を受けることを恐れたためであった(『ボストン・グローブ』二〇〇八年五月二四日)。

地上戦での使用の場合には、クラスター爆弾の違法性、危険性の認識が使用をためらわせた例である。このようにクラスター爆弾が一般住民ばかりでなく、アメリカ兵にとっても危険であることが認識されていたにもかかわらず、アメリカは軍事的有用性を主張し、禁止に強く反対していた。

しかし一九九七年、対人地雷禁止条約の成立に中小国やNGOが大きな役割を果たしたことが、ひとつの転機となった。さらにイスラエル・レバノン紛争が、いっそうクラスター爆弾禁止の世論を強めた。世界のNGO約二五〇が結集して「クラスター兵器連合」(CMC)をつくり、二〇〇七年にノルウェーなどの有志国と禁止条約をめざす協議をはじめた(オスロ・プロセス)。オスロ・プロセスの参加国は、はじめ四九カ国であったが、二〇〇八年五月一八―三〇日、アイルランドの首都ダブリンで開かれた禁止会議には、約一一〇カ国が参加した。アメリカ、中国、ロシアなどの大保有国は参加しなかったが、クラスター爆弾の保有国でも四〇カ国が加わった。

ダブリン会議は、「いかなる状況においても、クラスター爆弾の使用、開発、製造、調達、備蓄、移転(輸出入)を禁止」(大意)する条約案を満場一致で採択した。二〇〇八年一二月三日にオスロで署名式があり、批准した国が三〇カ国に達した半年後に発効する予定と伝えられている。条約は、「子爆弾が一〇個以内、目標に向かう誘導装置、電子的自己破壊装置などの機能すべてを備えたもの」を禁止の対象から除いた。事実上、クラスター爆弾の全面禁止に近いものとして評価できるが、高性能爆弾を禁止の対象から除いたことは、人権団体からは「抜け道を作った」と批判されているという（『朝日新聞』二〇〇八年五月三一日付）。

「抜け道」は、日本や英独仏など禁止に消極的であった参加国の意見に対する配慮の結果といわれる。しかし筆者は「抜け道」があることに問題があるにせよ、これまでのオスロ・プロセスの成果を足場として、「抜け道」を事実上、無効化し、さらに劣化ウラン弾などの全面禁止や非人道的な空爆の禁止を日程にのせるまでに世界の世論を強めてゆく方策を考えるほうが、重要ではないかと考える。

日本、クラスター爆弾の廃棄を決定

クラスター爆弾禁止条約に対して、アメリカは一貫して強い圧力をかけてきた。『ボストン・グローブ』（前出）の記事によれば、「アメリカは、自国の利益のために条約を弱めるように同盟国に対し公然と圧力を加えた。最近、ある高官は、条約について一一〇以上の国を「叱りつけた」と自慢した。条約ができても、軍の方針、編成、配置を変えるつもりはないと同盟国に告げた。条約締結国の国内に備蓄されているアメリカのクラスター兵器を移動するつもりもないとも脅した」。

アメリカがとくに反対したのは、禁止条約に違反する非締結国の行動を、締結国政府が「援助し、誘発し、奨励すること」の禁止条項が草案に含まれていたことであった。採択された条

約案では、この条項は変更され「米国と同盟関係にある日本や英国の対米軍事関係を妨げないという配慮から、条約加盟国は非加盟国との「軍事協力や作戦」ができると規定された」(『朝日新聞』前出)。

日本政府は条約案の受け入れを正式に表明した。町村官房長官は、二〇〇八年一二月の正式署名についても具体的に考えるとしたが、新型の高性能爆弾の導入を検討する考えを明らかにした。

日本政府が禁止条約案を受け入れたのは、福田首相の決断によるものであった。しかし高性能爆弾の除外と、日米協同の軍事協力・作戦の可能性を残したことが首相の決断を容易にしたことも事実である。

自衛隊とクラスター爆弾

条約案が発効すれば、日本の自衛隊が保有するクラスター爆弾は廃棄されることになる。自衛隊は、一九八七―二〇〇二年度の一六年間で、総額一四八億円のクラスター爆弾を購入した。二〇〇三年現在で、数千発を配備しているとみられていた。開発した米企業と提携した国内企業から購入したという。購入した爆弾は廃棄の対象となる旧型である(『毎日新聞』二〇〇三年四月一七日付)。「〔アメリカ国防総省は〕古くなり不必要になったCBU87型のクラスター爆弾を複数の国に売却した」(*Human Rights Watch*)という報告もあり、中古爆弾をつかまされた形跡もある。

現在CBU187／B型のクラスター爆弾を保有しているのは航空自衛隊である。米科学者連合(FAS)の資料によると、主としてソフトターゲット(人間や木造建築など)攻撃用の空中投下型一〇〇〇ポンド複合爆弾で対人効果、対物効果をもち、焼夷機能ももつ。二二〇発の子爆弾を収納し、一発でさまざまな目標と広い地域をカバーできる。攻撃可能範囲はほぼ二〇〇メートル×四〇〇メートルの範囲である(FAS: Military Analysis Network, Cluster Bombs, http://www.fas.org/man/dod-101/sys/dumb/cluster.htm)。

仕様書によると、誘導装置、自動操縦装置、推進装置がどれもついていない。中高度から投下された場合、子爆弾は空中を浮遊し、風が強ければ思いもよらない地点や遠くに着地する可能性が多い。不発率は五％とされているが、そのような場合には不発弾の発見は困難である。

日本のNGO、ピースボートの公開質問状に対して、防衛庁(当時)は「クラスター爆弾は、わが国の領域外において使用することは想定しておらず、わが国防衛のため、敵の着上陸進行を阻止するために保有している」と答えている。専守防衛の建前からは、こうでもいうよりほかはないのであろうが、日本のように人口の稠密な国土での使用には多くの問題点がある。

不発弾の処理についても問題がある。防衛庁(当時)は「個々の不発弾の処理は、不発弾処理の技能を有する専門の要員によって爆破により行われると考えられる」としているが、コソヴォの場合、熟達した国連の除去チームが努力しても、一年間に除去できたのは、三万発のうち約四〇〇〇発であった。自衛隊が使用するクラスター爆弾を一〇〇〇発ときわめて低く見積もっても、子爆弾は二二万発、不発弾はその五％、一万一〇〇〇発である。これが地形が複雑で、人口の密集した地域に散乱した場合、防衛庁(当時)の回答のようなきれいごとで済むのだろうか(防衛庁の回答は二〇〇三年六月一八日および九月一九日)。

現在、自衛隊がどのくらい爆弾を保有しているかはわからないが、廃棄には二〇〇億円かかると報道されているので、相当な量であることは確かである。しかも、在日米軍が日本に備蓄しているクラスター爆弾は、手付かずのまま残るのではないか。

日本は長大な海岸線に囲まれているので、クラスター爆弾の廃棄には、安全保障上の見地から反対だという声がある。しかしどこの国が、日本に敵前上着陸してくるというのだろうか。そのような能力を持つのは、アメリカだけではないか。まさか中国や北朝鮮を想定しているのではないだろうが、現実離れした想定で、国民の生命を危険にさらし巨費を費やすよりは、日本国憲法の精神を生かして非人道な戦争方法を廃棄し、平和な国際環境をつくりあげることのほうが、現実的な安全保障と言えるのではないか。

あとがき

日本陸軍最初の爆撃連隊は、一九二五年に新設された飛行第七連隊である。長距離を飛んで爆撃できる重爆撃機大隊が含まれていた。連隊が移駐した浜松(静岡県)では、市民をまきこむ誘致運動や、日本楽器など地元企業の働きかけが積極的に行われた。日本楽器は、飛行艇のフロートや陸軍機の木製プロペラの製作など必要な軍用資材の生産で事業の拡大を図った。

これらの動きを明らかにした荒川章二(静岡大学)は、飛行連隊の誘致運動を従来の軍隊誘致運動とは質を異にした「総力戦型」と位置づけている。重爆撃機の用途に関連して『浜松新聞』(一九二九年一一月三日付)は「遠く戦場の後方にある兵站基地、軍需品集積所、諸工場ならびに都市のごときを爆撃し損害を与えると同時に、またこれにより起こるところの民衆の恐怖により、戦争の直接行動以外の効果を収めんとするのが任務の一」と解説し、「民衆の恐怖《テロル》」により敵を降伏に追い込む戦略爆撃の思想を説いている。総力戦と結びついて、住民に恐怖を与える空爆思想が増幅されてゆく状況がうかがわれる(荒川章二『軍隊と地域 シリーズ日本近代からの問い⑥』青木書店、二〇〇一年)。

満州事変が連隊としてはじめての実戦参加であったが、日中戦争がはじまると中国に派遣された飛行第六大隊（飛行第六〇戦隊と改称）は、海軍航空隊と協力して重慶をはじめ四川省各地に対する奥地爆撃を行った。山西省や宜昌では毒ガスを投下した記録もある。

現在、浜松には航空自衛隊の浜松基地があり、付属の基地資料館がある。資料館の入り口には、旧第七飛行連隊の正門を利用した「陸軍爆撃隊発祥の地」記念碑が建つ。碑文として、陸軍爆撃隊による満州、ノモンハン、中国各地、ビルマ（ミャンマー）、マレー、シンガポール、ニューギニア、フィリピン、沖縄、サイパンなど各地域での「戦歴」が肯定的に記されており、侵略の拡大とともにアジア太平洋の各地を転戦した爆撃隊の戦績を誇るかの印象を強く与えている。

浜松は、太平洋戦争末期に空爆ばかりでなくはげしい艦砲射撃をもあびせられ、市民の死者も三〇〇〇人をこえた。まさに加害と被害が交錯する地域であるが、航空自衛隊の記念碑に関する限り、侵略戦争に対する反省も空爆の犠牲となった無辜《むこ》の人々に対する悼みも感じることができない。自衛隊の海外派兵が問題となっている現在、記念碑が象徴するような体質が、万一、今の航空自衛隊にもあるとすれば、それはきわめて憂慮すべきことである。

ここで思い出すのは、最近の四川省大地震のときに日本政府が現地への救援物資輸送のために自衛隊機を派遣しようとしたが、国民心理に配慮した中国の当局者によって断わられたことである。救援が中国国民の対日感情を改善する絶好の機会であっただけに、残念な出来事であった。

二〇〇六年三月、日本軍の重慶大爆撃の被害者が来日し、日本政府に対する損害賠償裁判をおこした。その少し前に弁護団(団長・土屋公献)の要請により、研究者や弁護士、支援者によって「戦争と空爆問題研究会」がつくられ、事実の解明を中心に側面から裁判を支援することになった。議長として研究会のまとめ役をおおせつかったのが、私が空爆研究に取り組む直接のきっかけとなった。

おなじ頃、早乙女勝元が主催する東京大空襲・戦災資料センター(政治経済研究所付属)が改組され、戦災研究室(室長・吉田裕)が置かれて、東京大空襲の被害実態の究明や体験記録の編集、戦争展示の研究などを始めた。私も研究会やシンポジウムに参加し貴重な知見を得ることができた。

戦争と空爆研究会には、中国人研究者である聶莉莉(東京女子大学)、徐勇(北京大学)が参加し、また両研究会の主要メンバーが、重慶大爆撃に関する西南大学(重慶)の国際シンポジウムで報告し、四川省で現地調査を行うなど、中国との研究交流の体制がしだいに発展し、成果を挙げつつある。また重慶訴訟の原告たちと原爆被爆者、東京大空襲訴訟の原告たちの交流もすでに回を重ねている。一般住民をターゲットとする空爆の非人道性と不法性の認識が国境を越えて共有され、平和で安全な東アジアの未来をひらくことが共通の課題になりつつある。戦後補償裁判の新しい局面といってよいだろう。

本書の執筆は、二つの研究会への私の参加なしには実現しなかった。その点で研究仲間の皆さんに厚く感謝したい。また二つの空襲訴訟の当事者たちに何かの貢献ができればという思いもあった。最後に本書の担当者、岩波新書編集部の田中宏幸さんに厚くお礼を申しあげたい。

二〇〇八年七月

荒井信一

岩波新書新赤版一〇〇〇点に際して

ひとつの時代が終わったと言われて久しい。だが、その先にいかなる時代を展望するのか、私たちはその輪郭すら描きえていない。二〇世紀から持ち越した課題の多くは、未だ解決の緒を見つけることのできないままであり、二一世紀が新たに招きよせた問題も少なくない。グローバル資本主義の浸透、憎悪の連鎖、暴力の応酬——世界は混沌として深い不安の只中にある。

現代社会においては変化が常態となり、速さと新しさに絶対的な価値が与えられた。消費社会の深化と情報技術の革命は、種々の境界を無くし、人々の生活やコミュニケーションの様式を根底から変容させてきた。ライフスタイルは多様化し、一面では個人の生き方をそれぞれが選びとる時代が始まっている。同時に、新たな格差が生まれ、様々な次元での亀裂や分断が深まっている。社会や歴史に対する意識が揺らぎ、普遍的な理念に対する根本的な懐疑や、現実を変えることへの無力感がひそかに根を張りつつある。そして生きることに誰もが困難を覚える時代が到来している。

しかし、日常生活のそれぞれの場で、自由と民主主義を獲得し実践することを通じて、私たち自身がそうした閉塞を乗り超え、希望の時代の幕開けを告げてゆくことは不可能ではあるまい。そのために、いま求められていること——それは、個と個の間で開かれた対話を積み重ねながら、人間らしく生きることの条件について一人ひとりが粘り強く思考することではないか。その営みの糧となるものが、教養に外ならないと私たちは考える。歴史とは何か、よく生きるとはいかなることか、世界そして人間はどこへ向かうべきなのか——こうした根源的な問いとの格闘が、文化と知の厚みを作り出し、個人と社会を支える基盤としての教養となった。まさにそのような教養への道案内こそ、岩波新書が創刊以来、追求してきたことである。

岩波新書は、日中戦争下の一九三八年一一月に赤版として創刊された。創刊の辞は、道義の精神に則らない日本の行動を憂慮し、批判的精神と良心的行動の欠如を戒めつつ、現代人の現代的教養を刊行の目的とする、と謳っている。以後、青版、黄版、新赤版と装いを改めながら、合計二五〇〇点余りを世に問うてきた。そして、いままた新赤版が一〇〇〇点を迎えたのを機に、人間の理性と良心への信頼を再確認し、それに裏打ちされた文化を培っていく決意を込めて、新しい装丁のもとに再出発したいと思う。一冊一冊から吹き出す新風が一人でも多くの読者の許に届くこと、そして希望ある時代への想像力を豊かにかき立てることを切に願う。

（二〇〇六年四月）

荒井信一

1926-2017年
1949年東京大学文学部卒業
専攻－西洋史，国際関係史
茨城大学名誉教授，駿河台大学名誉教授
日本の戦争責任資料センター共同代表を務めた
主な著書－『歴史和解は可能か』(岩波書店)
『戦争責任論』(岩波現代文庫)
『ゲルニカ物語』『コロニアリズムと文化財』(以上，岩波新書)
『原爆投下への道』『第二次世界大戦』(以上，東京大学出版会)
『現代史における戦争責任』『現代史におけるアジア』『世界史における1930年代』(以上，共編著，青木書店)
『従軍慰安婦と歴史認識』(共編，新興出版社)
『世界の「戦争と平和」博物館』(全6巻，監修，日本図書センター)

空爆の歴史
―終わらない大量虐殺　　岩波新書(新赤版)1144

2008年8月20日　第1刷発行
2024年1月19日　第2刷発行

著　者　荒井信一《あらいしんいち》

発行者　坂本政謙

発行所　株式会社　岩波書店
〒101-8002 東京都千代田区一ツ橋2-5-5
案内 03-5210-4000　営業部 03-5210-4111
https://www.iwanami.co.jp/

新書編集部 03-5210-4054
https://www.iwanami.co.jp/sin/

印刷製本・法令印刷　カバー・半七印刷

ISBN 978-4-00-431144-7　　Printed in Japan

事項索引

た 行

な 行

は 行

ま 行

や 行

ら 行

人名索引

ま 行

ら 行

参考文献
(複数章に関連する主要なもの)

荒井信一「空襲の世紀の思想――戦略爆撃と人種主義」『歴史評論』2001年8月号
同「空襲の世紀の法理と日本」『季刊戦争責任研究』第53号(2006年秋季号)所収
同「空襲の歴史を見直す――植民地主義の遺産」『季刊戦争責任研究』第58号(2007年冬季号)所収
同『原爆投下への道』東京大学出版会，1985年
同『戦争責任論――現代史からの問い』岩波現代文庫，2005年
伊香俊哉「戦略爆撃から原爆へ――拡大する『軍事目標主義』の虚妄」『岩波講座 アジア太平洋戦争5 戦場の諸相』2006年
生井英考『空の帝国 アメリカの20世紀(攻防の世界史 19)』講談社，2006年
シンポジウム「無差別爆撃の源流――ゲルニカ・中国諸都市爆撃を検証する」東京大空襲・戦災資料センター戦争災害研究室，2008年
戦略研究会編集『戦略論大系ドゥーエ』(芙蓉書房出版，2001年)
田中利幸『空の戦争史』講談社現代新書，2008年
ハーバード・P. ビックス(中野聡訳)「二次的損害――米国における大量破壊と残虐行為の修辞法」『歴史学研究』2008年4月号
藤田久一『新版 国際人道法』有信堂，1993年
防衛庁防衛研究所戦史室編『戦史叢書』(朝雲新聞社)の関係各巻
前田哲男『新訂版 戦略爆撃の思想 ゲルニカ・重慶・広島』凱風社，2006年
横浜の空襲を記録する会『横浜の空襲と戦災 4 外国資料編』1977年
吉田敏浩『反空爆の思想』NHKブックス，2006年

Michael Bess, *Choices under Fire : Moral Dimension of World War II*, Alfred Knopf, 2006
Geoffrey Best, *War and Law since 1945*, Clarendon Press, 1994
Tami Davis Biddle, *Rhetoric and Reality in Air Warfare : The Evolution of British and American Idea about Strategic Bombing, 1914-1945*, Princeton University Press, 2002

Hans Blix, Area Bombardment: Rules and Reasons, *British Yearbook of International Law*, Vol. 49, 1978, pp. 31-69
Mark Connelly, *Reaching for the Stars : A New History of Bomber Command in World War II*, L. B. Tauris Publishers, 2001
James S. Corum, *Inflated Percepions of Civilian Casualties from Bombing*, Research report submitted to the Air War College, Maxwell Air Force Base, Alabama, April 1998
James S. Corum and Wray R. Johnson, *Airpower in Small War : Fighting Insurgents and Terrorists*, University Press of Kansas, 2003
Conrad C. Crane, *Bombs, Cities, & Civilians : American Airpower Strategy in World War II*, University Press of Kansas, 1993
Richard G. Davis, *Bombing the European Axis Powers : A Historical Digest of the Combined Bomber Offensive, 1939-1945*, Air University Press, April 2006
Giulio Douhet (translated by Dino Ferrari), *The Command of Air*, New York, 1942
Robert Ferrell (ed.), *Off the Record : The Private Papers of Harry S. Truman*, Harper & Row, 1980
Judith Gail Gardam, Proportionality and Force in International Law, *The American Journal of International Law*, Vol. 87, pp. 391-413
A. C. Grayling, *Among the Dead Cities : The History and Moral Legacy of the WW II Bombing of Civilians in Germany and Japan*, Walker & Company, 2006
Michael Howard, George Andreopoulos, and Mark R. Shulman (ed.), *The Laws of War : Constraints on War in the Western World*, Yale University Press, 1994
Hermann Knell, *To Destroy A City : Strategic Bombing and its Human Consequences in World War II*, Da Capo Press, 2003
H. Lauterpacht, The Problem of the Revision of the Law of War, *British Yearbook of International Law*, Vol. 29, pp. 360-382
Sven Lindqvist (translated by Linda Haveerty Rugg), *A History of Bombing*, The New Press, 2001
David Markusen and David Kopf, *The Holocaust and Strategic Bombing : Genocide and Total War in the 20th Century*, Westview

Press, 1995
Jeremy Noaks (ed.), *The Civilian in War : The Home Front in Europe, Japan and USA in World War II*, University of Exter Press, 1992
Richard Norman, *Ethics, Killing and War*, Cambridge University Press, 1992
Robert A. Pape, *Bombing to Win : Air Power and Coercion in War*, Cornell University Press, 1996
Kenneth R. Ritzer, Bombing Dual-Use Targets: Legal, Ethical and Doctrinal Perspectives, *Air & Space Power Journal* (Chronicles Online Journal), 1 May, 2001
Stewart Halsey Ross, *Strategic Bombing by the United States in World War II : The Miths and Facts*, McFarland & Company, 2003
Ronald Schaffer, *Wings of Judgment : American Bombing in World War II*, Oxford University Press, 1985
Mark Selden, *A Forgotten Holocaust : US Bombing Strategy , the Destruction of Japanese Cities and the American Way of War from the Pacific War to Iraq*, Japan Focus, 2007/05/12
Nina Tannenwald, *The Nuclear Taboo : The United States and the Non-Use of Nuclear Weapons since 1945*, Cambridge University Press, 2007